科学的故事

起源篇

吴国盛 著

江苏凤凰文艺出版社
JIANGSU PHOENIX LITERATURE AND ART PUBLISHING

果麦文化 出品

目录

前言

在中国，科学史是一个非常边缘的学科，在正规教育体制中没有位置，可是，对于大学通识教育而言，对于人们正确理解科学而言，科学史都非常重要。我愿意借果麦这个知名的出版品牌，为科学史找到更多的读者。

我们这个时代是个生活快节奏的时代，多数人无法腾出较长的时间来读书，鸿篇巨制难以广泛普及。我的《科学的历程》发行了快 25 年，算是一本比较成功的科学史著作，但是，一来它还是太厚，二来它也的确有点过时了。可以考虑重新写一些篇幅短小的科学史。

说《科学的历程》有点过时，主要是指它的科学观和科学史观。虽然这本书也表现了对现代科技的某些忧虑和反思，后来的各版次也吸收了国际科学史界较新的研究成果，但总的来看，其科学观和科学史观是中庸的、从俗的，或多或少采纳或容忍了我们中国人通常默认的科学观。

我们中国人默认的科学观的核心就是“科学”与“技术”不分。在我们中国人的日常语言中，“科学”二字特别容易念成“科技”，可是“科技”二字深究起来，更多的是指“技术”，而不是“科学”和“技术”的简称。这说明，在我们的潜意识里，是将“科学”和“技术”混为一谈的。

这种混为一谈，不能说完全错误，因为它的确反映了现代科学的技术化、应用化特点。自 19 世纪以来，科学进入了技术化、分科化、职业化、力量化的新阶段。科学中有技术，技术中有科学，彼此难解难分，而我们中国人学习和引进西方的科学，的确就是从 19 世纪才真正开始的。这个特殊的时机，难免就让我们把“科学”当成“科技”。

但是，科学的技术化只是19世纪之后的事情，在此之前，“科学”和“技术”大体各自发展、互不来往：“科学”的发展动机并不是“技术应用”，“技术”也并不借助“科学”。如果我们把19世纪之后才出现的科—技一体化，看成是自古以来的常态，那就错了，就使我们无法理解科学的起源和科学发展的真正动机。

科—技混为一谈，直接导致我们对“科学”的本质缺乏理解，对“科学”的发展历史产生误解。

在理解“科学”方面，我们中国人有强烈的“应用”倾向。这当然与我们的传统文化有关。中国文化务实，强调“学以致用”，对学术一向抱有明确的功利主义、实用主义态度，从不认为学术、学问、知识有独立不依的价值，读书的价值尽在“黄金屋”和“颜如玉”，尽在“敲门砖”和“进身之阶”。这种文化传统反映在对科学的理解方面，就是强调科学是一种生产力，是人类为了物质生存的需要必定自发从事的一项活动。离开了应用，离开了国计民生，我们就根本无法理解“科学”是怎么回事。我经常开玩笑说，中国人民熟悉的最著名科学家应该有两位：一位是钱学森先生，是导弹专家，代表着重要的国防实力；一位是袁隆平先生，是杂交水稻专家，代表着粮食有保障。他们的名气，体现的是中国人对科学和科学家的实用主义理解。

这种实用主义的科学观，也导致了错误的科学史观。既然认为科学的目标和动机就是满足人类的物质生活需要，那么，所有的民族在所有的历史时期应该都有科学，于是，有非洲的科学、美洲的科学，也有中国古代的科学。这种“科学”术语的广义化，是现代占支配地位的科学主义意识形态的表现。表面看来，把各个文明中形形色色与自然打交道的知识都称为科学，是一种宽宏大量，其实是一种深刻的霸权思想。试想想中医在当代的命运：一方面，中医的支持者们使劲申辩自己是科学；另一方面，反对者们称之为“伪科学”。中医自身倒是失语了。

“科学”术语的广义化使用，一方面助长了并不熟悉“科学”之本义的中国人虚幻的民族主义自豪感（很容易滑向民族文化虚无主义），另一方面使中国人一再错失真正的科学精神。一百多年来，中国人在学习如何“做”科学方面，下了很多功夫，但在“理解”科学方面，缺课甚多。“理解科学”的缺失不是没有代价的。我们今天虽然科技体量进入世界先进行列，但原始创新不足、原创乏力，这就是代价。在今天的历史背景下，重新理解科学，理解严格意义上的、狭义的“科学”，已成当务之急。

正如我在《什么是科学》中已经详细阐述过的，科学并不是人类历史上的一种普遍文化现象。技术是，但科学不是。所有的民族、所有的文化都有自己的技术传统，但科学只独独地出现在古代希腊。在古希腊之前，两河文明、埃及文明都已经存在了两千多年，金属冶炼、文字、城市、高大的神庙和陵墓、精细的手工业、知识分子阶层，都十分发达；在古希腊同时或之后，地球上又出现了更多辉煌灿烂的文明，也积累了各式各样的神圣知识和实用知识。但是，科学，严格意义上的科学，是希腊的产物，而且在希腊文明式微之后，科学的火种也时断时续、奄奄一息。正是对希腊科学的复兴，才产生了现代科学。

爱因斯坦讲得好：“西方科学的发展是以两个伟大的成就为基础，那就是：希腊哲学家发明的形式逻辑体系（在欧几里得几何学中），以及通过系统的实验发现有可能找出因果关系（在文艺复兴时期）。”（1953 年给斯韦策的信）希腊科学无疑是现代科学的真正源头。紧接着上面的话，爱因斯坦接着说：“在我看来，中国的贤哲没有走上这两步，那是用不着惊奇的。做出这些发现是令人惊奇的。”这就是说，“科学”并不是人类文明中的普遍现象，而是极为“偶然”、极为“稀罕”“令人惊奇”的现象。我们今天领受着科学的恩惠和普惠，会产生一种错觉，以为“科学”是人类社会发展中一件必然出现的事情，其实大谬不然。

因此，我要写的这套简明的科学史系列，肩负着“正本清源”的使命和责任。本书将首先讲述科学在希腊如何诞生的故事。它为什么没有在埃及和两河流域更古老的文明中诞生？它为何没有在罗马帝国、蒙古帝国和中华帝国诞生？今天我们沐浴着科学的光辉，视科学的观念为理所当然，然而，科学的出现的确是一个“奇迹”。本书将讲述这个“奇迹”的“诞生”。至于科学在罗马和中世纪被丢失和遗忘的故事，在伊斯兰世界延续的故事，在近代早期复兴和重构的故事，在 19 世纪之后技术实现的故事，以及向世界各地传播的故事，将在余下的续篇中述说。

吴国盛

于清华大学荷清苑

2020.2.20

第 1 章
希腊城邦文明：科学的诞生地

“科学”不是“技术”。在人类文明史上，“科学”并不是遍地开花，而是孤枝独叶地生长了差不多两千年。直到近几百年，才枝繁叶茂，蔚为大观。

公元前6世纪到前4世纪，科学在希腊城邦文明中诞生。前4世纪到后2世纪，在希腊化地区茁壮成长。托勒密埃及的首都亚历山大城，成了古代世界的科学中心。

罗马人仰慕希腊文化，但是本性尚武，不喜思辨。罗马士兵杀害了沉思中的阿基米德，但“从没有一个罗马人会死于沉思”。罗马帝国的强项是“法治”“武功”，而不是“科学”。征服了希腊人的罗马人，并没有传承希腊人的“科学”。“科学”在罗马受到冷落，逐渐式微。再说，西罗马帝国最后也被蛮族灭亡。

公元的头五个世纪，基督教在东西罗马帝国中冉冉升起，征服了罗马，征服了蛮族，形成了一个新的强势文明，兴起了一种以“信仰、天启、谦卑、怜悯、罪感”为特色的生活模式。基督教文明排斥了以“理性、好奇、乐观、天真、热情”为特色的希腊古典生活风格，使希腊科学在东西罗马逐渐边缘化，在蛮族统治的地区逐渐被遗忘。

8世纪，新兴的阿拉伯帝国收留了希腊科学。本着“学问即使远在中国，也要去求取”的先知好学精神，伊斯兰世界系统翻译引进希腊科学著作，并且在数学、天文学、光学等领域“青出于蓝而胜于蓝”。

12世纪，在熬过了漫漫长夜的基督教欧洲，农业生产力极大恢复和发展，人口增长，手工业和商业蓄势待动。**十字军东征**带回了遗失在伊斯兰世界的希腊科学，从阿拉伯文转译希腊科学典籍成为一时风尚。大翻译运动带动了学习

>> 十字军东征

由西欧的封建领主和骑士以收复阿拉伯穆斯林入侵占领的土地的名义对地中海东岸国家发动的战争，持续近200年。十字架是基督教的象征，因此每个参加出征的人胸前和臂上都有“十”字标记，故称“十字军”。

希腊学术的热潮，大学应运而生。通过大学这种学术制度，希腊学术与基督教进行了卓有成效的融会贯通，并且诞生了经院哲学这种融希腊—希伯来于一体的新型哲学思想，为近代科学铺平了道路。

14 世纪，基督教唯名论运动风起云涌，与经院哲学一争高低，为近代科学引入崭新的“经验主义”视角。唯名论运动一方面削弱了希腊理性，另一方面以一种自我拆台的方式催生了人文主义。**拜占庭**的陷落，为拉丁欧洲带来了更多原汁原味的希腊科学文献。文艺复兴从希腊文直接翻译希腊科学文献，形成了亚里士多德—经院哲学与柏拉图—人文主义的对峙局面。

>> **拜占庭帝国**

拜占庭帝国（330—1453），即东罗马帝国，是欧洲历史上最悠久的君主制国家。其首都君士坦丁堡（伊斯坦布尔）的前身为古希腊的殖民地拜占庭城，故得此名。

近代科学是希腊理性科学与基督教唯名论运动相结合的产物，形成了“以人为本”的人类中心主义世界观、“数学加实验”的科学方法论。科学革命以天文学为发端，以牛顿物理学的建立而告结束。以牛顿物理学为标准，化学、实验生理学纷纷创建了自己的“数学加实验”的研究方案。到了 19 世纪，物理学大厦逐渐建成，完成了各分支学科的大一统，化学、生理学实现了各自向物理学的有限还原。

近代科学也响应了新兴的资本主义生产方式的要求，为最大效率地开发自然、征服自然提供理论基础。**地理大发现**以来日益兴盛的博物学（自然志，natural history）体现了近代科学的这个维度。博物学与数理实验科学相互竞争又相辅相成。

>> **地理大发现**

Age of Exploration，又名探索时代或发现时代、新航路的开辟，是 15 世纪到 17 世纪，欧洲船队在世界各处的海洋上寻找新的贸易路线和贸易伙伴，以发展欧洲新生资本主义的航海活动。

19 世纪是近代科学开始大显神通的世纪，也被称为人类历史上第一个科学的世纪。在这个世纪，科学开始了自己分科化、职业化、技术化、力量化的历程。数学、物理、

△ 图 1.1

世界科学中心转移的示意图：雅典至亚历山大，意大利至英国，英国至法国，法国至德国，德国至美国

化学、天文、地学、生物各自完成自己的学科化。“科学家”一词出现，表明科学共同体的出现。以电磁学转化为电力工业和电信工业、化学转化为化学工业、实验生理学转化为实验医学为标志，科学开始了全方位的技术化进程，并且开始转化为巨大的、前所未有的生产力。科学开始成为第一生产力。技术开始告别传统的手工技艺，成为“应用科学”。

科学化技术作为资本主义生产力和市场化的原始动力及最后保障，随着资本主义生产方式本身的全球化，很快征服了整个世界。科学因而也开始向全球传播和扩散。在科学传播的过程中，更多的民族、更多的地域加入了科学知识生产的队伍中，科学重心也随之而变迁。文艺复兴时期的科学重心是意大利，那里诞生了伽利略这样的大家。此后，科学革命时期的科学重心是英国，那里出现了波义耳、胡克、牛顿这样的科学巨人。18 世纪经过启蒙运动之后，法国成为科学重心，拉瓦锡、拉格朗日、拉普拉斯、拉马克、布丰、居维叶，一时星光灿烂、风头无两。19 世纪，德国后来居上，引领了以内燃机和电力电信为标志的第二次工业革命的浪潮。20 世纪，经过两次世界大战之后，美国取代欧洲成为世界科学中心。

明朝末年，耶稣会士来华传教，也带来了西方的科学，但是没有引起中国人的兴趣。由于教案不断，清朝政府不胜其烦，勒令传教士西归，第一次西学东渐无疾而终。这次历史遭遇充分证实了**冯友兰**先生所说，“中国没有科学，是因为按照她自己的价值标准，她毫不需要。”直到 1840 年，西方列强用坚船利炮敲开了中国封闭的国门，引进和学习西方的科学才再次成为时代的主题。

>> 冯友兰
（1895—1990）

中国当代著名哲学家、教育家。著有《中国哲学史》《中国哲学简史》《贞元六书》等 20 世纪中国学术的重要经典。对中国现当代学界乃至国外学界影响深远，被誉为“现代新儒家”。

纵观科学的历史，是一部在希腊诞生，在罗马边缘化，在中世纪被遗忘，在伊斯兰世界被继承，在近代早期的欧洲被复兴和重建，在 19 世纪被力量化的历史，与中国文化的发展基本上没有交集。我们如果不能暂时放下中国文化的固有成见，回到西方的语境中，我们就不能理解科学何以出现、何以发展。

今天我们讲述和聆听科学的故事，最优先的方案是回到希腊，因为没有希腊，就没有现代科学，就没有今天的航天飞机、原子弹、手机、无线电通信。现代人类上天入地的力量，都是希腊人的遗产。

现代人关于外星文明的想象，不过是一种时代性的错觉。且不论那些个类似地球的星球上有多大概率出现生命，生命有多大概率演化出如同人类这样的智人种，就算是有了智人种又如何？人类走出非洲后就一定会发生农业革命？农业革命之后就一定会发生工业革命？即使在地球上，科学的诞生也是一件稀罕的事情，而没有希腊人的科学，地球人又拿什么飞离地球，走向太空？我们清朝的农业技术与汉朝相比根本就没有什么变化。不要指望类地行星上也有一个类希腊，因此也不要指望类地行星的类人动物们能够操纵无线电与我们交流、克服万有引力来会见我们。

正因为现代科学的深刻力量来自希腊，理解为什么是希腊人创造了科学，对我们中国人而言就格外重要，因为希腊文化的确是与中国文化相差甚远的一种文化，我们注重“学以致用”的中国人对希腊“为科学而科学”的文明也最感到陌生。我们需要补上这一课。

1.1 希腊文明概论

一

我们所讲的希腊，不是现代希腊共和国，而是古代希腊。古代希腊的势力范围，不只是现代希腊半岛这块地方。

希腊是一个海洋民族，古代就是地中海地区的霸主。公元前 550 年左右的希腊城邦，遍布爱琴海、南意大利、北非地区，以及黑海地区。黑海和埃及是古代的粮仓，盛产粮食。希腊本土以及小亚细亚地区，产粮食能力都有限，需要的粮食都靠从黑海地区以及埃及进口。

中国有一些极端的民族主义者，想否定希腊文明的存在，提出的理由之一是说，希腊那么多人，土地又那么荒

△ **图 1.2**

古代希腊城邦分布图，红色的地方均为希腊城邦

凉，种不出粮食来，以此来证明没有希腊文明这回事。他们不知道，希腊是一个航海和贸易的民族，商业非常发达，粮食进口是常态。认为粮食必须自给自足，那是农耕民族的想法。

古代地中海这个地方，有两个著名的航海民族：一个是腓尼基人，生活在今天叙利亚那个地方，一个是希腊人。腓尼基人称霸地中海比希腊人还要早一点，但是希腊人是后起之秀，向腓尼基人学习了不少东西（希腊字母就是从腓尼基字母学过来的），但最后超越了他的老师。迦太基是腓尼基人的海外城邦，一度很有势力，与罗马人比拼了一些时间，通过几次**布匿战争**败于罗马人之手。

>> **布匿战争**

Punic Wars，或译布匿克战争，是在古罗马和古迦太基两个古代奴隶制国家之间为争夺地中海西部统治权而进行的一场著名战争。名字来自当时罗马对迦太基的称呼 Punici（布匿库斯）。

总的来说，古代希腊人的势力范围，并不限于今天希腊

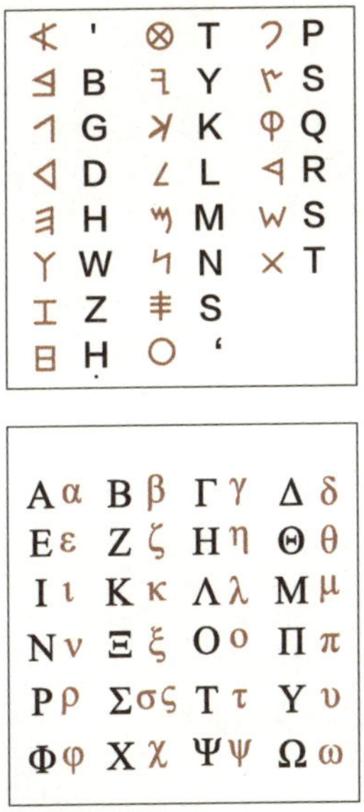

△ **图 1.3**

腓尼基字母（上）与希腊字母（下）。

半岛，还包括黑海地区，以及环地中海的其他地区。这是从地理上说。从历史上看，希腊文明大致分成三大历史阶段。

第一个阶段叫作爱琴文明。爱琴文明又叫考古文明。它主要有三个时期：克里特文明（公元前 2600—公元前 1450 年）、迈锡尼文明（公元前 16 世纪—公元前 12 世纪）、黑暗时期（公元前 12 世纪—公元前 8 世纪）。

第二个阶段叫作异教文明，我们也把它分成三个时期：第一个是城邦文明时期（公元前 776—公元前 323 年），第二个是希腊化时期（公元前 323—公元前 30 年），第三个是罗马时期（公元前 146—395 年）。为什么叫“异教文明”？异教是针对现代希腊人普遍信仰东正教而言的。在希腊人信仰东正教之前的那一段古典辉煌时期，被称为异教文明。异教文明的前两个时期非常重要。在城邦文明时期，科学诞生了；在希腊化时期，科学发展得有模有样。

第三个阶段叫作东正教文明。东正教文明是从 395 年开始的。这一年罗马皇帝宣告基督教成为国教，从此希腊人开始慢慢地信仰基督教。东正教文明还可以分成三段，第一段就是拜占庭时期（395—1453），也就是东罗马帝国时期。公元 395 年，东西罗马分治，1453 年奥斯曼土耳其征服了拜占庭。第二段是奥斯曼土耳其时期（1453—1822）。1822 年，希腊人民起来闹独立，以“不自由毋宁死”的大无畏英雄气概，赢得了解放。当然，这与西方国家的支持也有关系。比如英国诗人**拜伦**就是死在希腊。他虽然不是战死的，是病死在这儿，但希腊人认为他是为希腊人民的解放而死，所以特别感激拜伦。在现代希腊，很多男人就取名“拜伦”。第三段是现代时期（1828 年至今）。

>> 拜伦
(George Gordon Byron，1788—1824)

英国 19 世纪初期的浪漫主义诗人，代表作品有《恰尔德·哈洛尔德游记》《唐璜》等。他不仅是一位伟大的诗人，还投身革命参加了希腊民族解放运动。

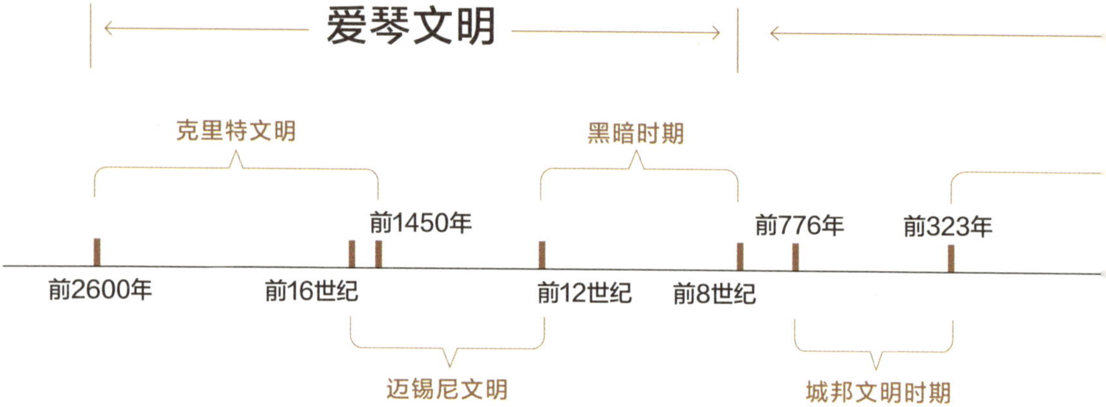

△ 图 1.4

希腊文明三大历史阶段

城邦文明之前的远古希腊，不是信史记载下来的，是19 世纪通过考古发现的，故称“考古文明”。在考古发现之前，克里特文明和迈锡尼文明存在于神话传说里。

德国人谢里曼（Heinrich Schliemann，1822—1890）最先挖出了迈锡尼文明。谢里曼出身贫寒，但继承了兄弟在美国西部的金矿，后来经营有方，发了大财。他从小就是一个**《荷马史诗》**迷，对史诗倒背如流，而且发誓要娶一个同样能对《荷马史诗》倒背如流的希腊姑娘。他真的实现了理想，在他 47 岁的时候，娶了 17 岁的希腊姑娘索菲亚 (Sophia Schliemann，1852—1932)，并且开始去寻找那个传说中的特洛伊。1871 年，他开始在土耳其的西沙里克组织挖掘。1873 年 5 月 27 日，他们挖出了黄金首饰。挖出了特洛伊遗址后，他接着回到伯罗奔尼撒半岛去挖迈锡尼。按照《荷马史诗》里的说法，当年正是迈锡尼国王阿伽门农，率领希腊

>>《荷马史诗》

两部长篇史诗《伊利亚特》和《奥德赛》的统称，相传是古希腊盲诗人荷马根据民间流传的短歌综合编写而成。

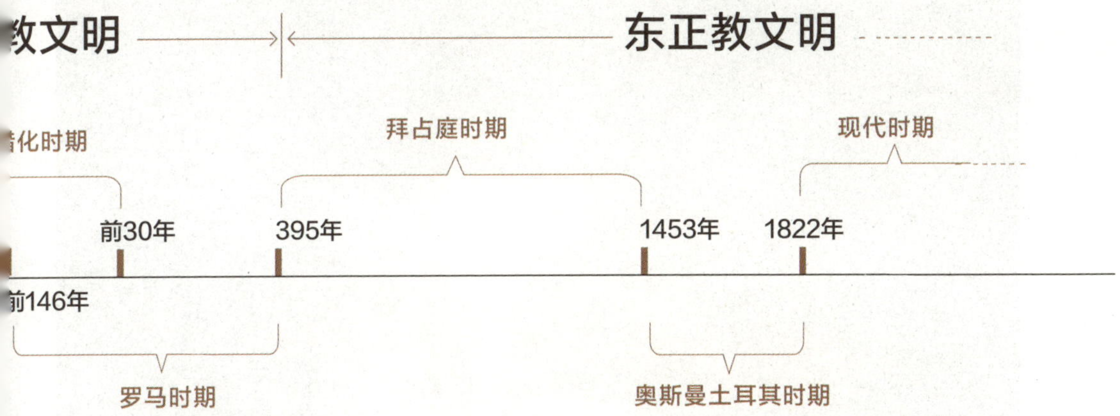

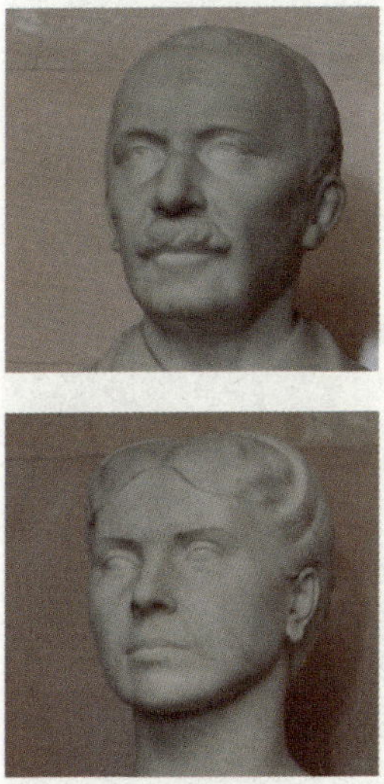

△ 图 1.5

雅典考古博物馆内的谢里曼夫妇头像。作者摄

联军去攻打特洛伊。既然特洛伊能够被挖出来，证明不是诗人的想象，那么，迈锡尼王阿伽门农也一定实有其人。1876年，他在迈锡尼遗址的狮子之门旁边挖出了6座竖井式墓穴，墓内有无数黄金饰品，其中包括他称之为“阿伽门农的面具”的黄金面具。后来经检测，这个黄金面具实际上属于比阿伽门农还早300年的一位国王。

谢里曼本来还想去克里岛寻找《奥德赛》中所讲述的米诺斯王宫，但未曾着手就去世了。继续他未竟事业的是英国人伊文思（Arthur Evans，1851—1941）。伊文思的父亲是一个成功的商人，也热爱古董和考古。受谢里曼的惊人成就的影响，伊文思立志要在古希腊考古之中有所发现。伊文思后来娶了谢里曼的大女儿。

在希腊神话传说里，克里特岛上有一个米诺斯国王。米诺斯的王宫里面有一个迷宫，迷宫里面藏了一个妖怪，叫作

◁ 图 1.6

阿伽门农黄金面具，现存雅典考古博物馆。作者摄

△ 图 1.7

米诺斯遗址上的伊文思像。作者摄

▽ 图 1.8

米诺斯皇宫。作者摄

弥诺陶，是一头喜欢吃小孩的野牛。雅典人臣服于米诺斯王国，每年都要进贡童男童女，供弥诺陶享用。后来，雅典英雄忒修斯主动请缨，准备为民除害。他去了以后，被克里特国王的女儿阿里阿德涅看上。阿里阿德涅给了忒修斯一个线团，以便进出迷宫。进迷宫之后，忒修斯杀死了这头怪兽，最后还娶了阿里阿德涅。

19 世纪以前，神话中的克诺索斯宫长埋于地下三千余年而杳无音信，很多人认为那只是神话传说。直到 1878 年，伊拉克里翁的考古学家们在本地郊区发现了一座古城遗址，并在那里发现了古钱币和陶器残片。1879 年，古城的发现者、考古学家米诺斯·卡洛凯林诺斯（Minos Kalokairinos，1843—1907）开始对古城进行发掘，但因受到当时统治克里特岛的土耳其政府的强烈反对，最终不得不停止正在进行的考古发掘。

正当克里特人与土耳其人进行针锋相对的斗争时，伊文思斥巨资买下了这块土地。他坚信这座古城就是希腊神话中

的米诺斯迷宫。1900 年 3 月，伊文思在克诺索斯遗址上开始了大规模的发掘，发现了与神话传说中相似的宫殿遗址和大量的珍贵文物，使这座规模宏大、结构纷繁复杂、室内装饰精美绝伦的豪华宫殿得以重见天日。

从宫殿遗址看，克里特文明很像是东方的埃及文明。克里特人大概不是希腊人种，可能来自西亚地区，身材没那么高大，人也比较纤弱。所以，克里特文明和我们特别关注的城邦文明应该是没什么关系。克里特王宫富丽堂皇，贵妇人们生活奢侈而优雅，但是他们没有科学。

克里特文明消失了，或者是因为火山爆发，或者因为来自北方的希腊人的征服，或者两者兼而有之。地中海是板块交织的地方，地质状况不稳定，地底下炽热的熔岩经常喷出来，形成火山、地震。中国游客们经常去的希腊圣托里尼岛，旁边就是一个大火山口，岛东南部有克里特文明的遗址，是被火山灰掩埋的，就像后来的罗马古城庞贝遭遇的那样。

克里特米诺斯遗址中发掘出来了泥板文书，上面的文字被称为线形文字。线形文字有两种，其中的线形文字 B 也在迈锡尼文明中找到过。1952 年，线形文字 B 被英国建筑师文特里斯（Michael Ventris，1922—1956）给破译了。文特里斯是一个奇人。他小时候也喜欢读《荷马史诗》。有一次，他在伦敦大英博物馆听伊文思做讲座。伊文思说最近他发掘了很多线形文字的陶片，到现在都读不懂，也许将来你们某个人能把它读懂。当时，文特里斯就发誓，我将来一定要把它读懂，结果他就真的把线形文字 B 破译出来了。这个人实在是有天分，但是非常可惜，他遭遇车祸，34 岁就

A

B

△ 图 1.9

线形文字 A 和线形文字 B

△ 图 1.10

迈锡尼狮子之门。作者摄

死了。他一死，线形文字 A 至今未被破解。

与克里特文明不同，**迈锡尼文明**的缔造者明显是来自于北方的游牧民族。他们身材高大，高鼻深目，和现在的希腊人差不多，在古代被称为阿卡亚人。迈锡尼古城由几十吨重的巨石所砌，城墙好几米厚。迈锡尼文明与城邦文明可以说是一脉相承。城邦文明中起显著作用的希腊神话，就是来自迈锡尼文明。

>> 迈锡尼文明

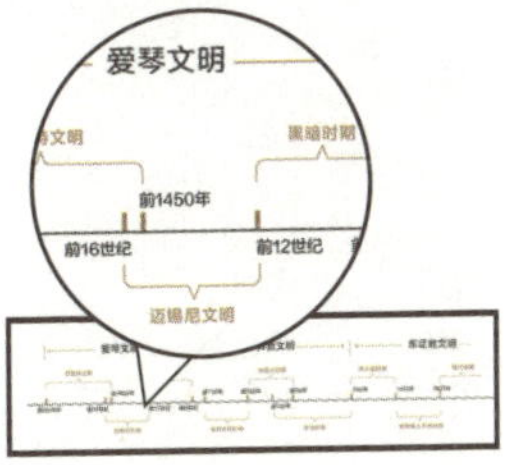

迈锡尼文明结束之后，就进入了黑暗时期。这段历史时期之所以称为黑暗时期，是因为这个时期既没有富丽堂皇的宫殿，也没有那精致的彩陶，没有那些被我们认为是高级文明的东西流传于世，所以我们把它叫作黑暗时期。一般认为，黑暗时期是来自北方的另外一支希腊人多利亚人入侵造成的。阿卡亚人缔造了迈锡尼文明，多利亚人消灭了迈锡尼文明，造就了一个黑暗时期。

其实，黑暗时期也许根本就不黑。没有宫殿，没有精致的奢侈品流传，并不意味着人民很悲惨。那些巍峨的宫殿，精致奢侈的陶器，是千百万人民的血泪凝成的。所以，那些在我们后人看来很辉煌的时期，普通人可能过得很惨，相反，在黑暗时期，普通人的日子可能过得很好，不用纳那么多税，盖那么厚的城墙。帝王将相好大喜功，要建立丰功伟绩，劳动人民就惨了。从这个意义说，黑点儿也不是坏事。

再说，正是在黑暗时期诞生了希腊文学名作《荷马史诗》。《荷马史诗》早期是口耳相传，并没有被记录下来，荷马这个人是否真有其人，现在仍有争议。与荷马几乎同时代的，另一个有名有姓的**赫西俄德**，写作了《神谱》和《田功农时》。所以，黑暗时期留下了两个伟大的作家，他们各自为希腊书面语的规范化、优美化，做出了巨大的贡献，所以黑暗时期并不黑。

>> **赫西俄德（Hesiod）**

古希腊诗人，以长诗《田功农时》《神谱》闻名于后世，被称为“希腊训谕诗之父”。关于赫西俄德和荷马谁生活的年代更早这一问题早有争议，今天大多数史学家认为赫西俄德更早。

然而，也正是在黑暗时期，线形文字失传了。大概在公元前 800 年左右，希腊人用腓尼基人的字母进行改写，创造了流传到今天的希腊字母和希腊文字。希腊文字、《荷马史诗》、赫西俄德的《神谱》，以及奥林波斯神话、奥林匹克竞技会，为城邦文明准备了条件。

1.2 希腊神话与宗教

神话不是鬼扯，而是古代人民世界观、人生观、价值观的生动体现。要理解希腊文明，首先就要了解希腊神话。

希腊诸神有两个基本特点：

第一，神是“不死”的，而人是“有死”的。希腊神话故事通常称为“神话传说”，实际上由“神话”（myth）和“传说”（legend）两部分组成。其中“神话”讲的是“神”的故事，而“传说”讲的是“英雄”的故事。英雄其实都是半神，有神的血缘，因此有许多超级能力，但归根结底“有死”，这就和“神”区别开来了。

第二，神人同形同性。“同形”指的是，神的形体跟人是一样的，区别在于更漂亮、更完美。男神女神均拥有漂亮的如同人类一般的身体。正因为神拥有人一样的身体，人如果把自己的身体弄得十分漂亮，并且裸体展示出来，这就是一种“敬神”行为，就是让诸神高兴的事情。这可以帮助我们理解，为什么古代奥运会上，运动员都是裸体的，为什么泛希腊世界的奥运会居然是最大的宗教活动。

“神人同性”指的是，神与人有相同的脾气、性格、爱好。人有什么毛病，神也有什么毛病，比如争风吃醋、争强好胜、拈花惹草、见异思迁，跟人一样有七情六欲，有喜怒哀乐。特洛伊战争，就是因为女神们争风吃醋造成的。英雄帕琉斯和女神忒提斯的婚礼忘了邀请不和女神厄里斯，不和女神怀恨在心，在婚礼上声称要把一个金苹果送给世界上最漂亮的女神。好几个女神争着成为“最漂亮的”，麻烦就来了。最终因为这个苹果，导致了特洛伊战争。

神们这个样子，为希腊人带了好头。希腊人也是像诸神那样对生活充满热情，像孩童那样对事物充满好奇。希腊诸神的天真烂漫，折射的是希腊人民的天真烂漫。

总而言之，希腊神话中的神，第一是“不死族”，第二是神人同形同性。

希腊神话有个特点，就是神的辈分十分清楚。赫西俄德写了《神谱》，把诸神的来龙去脉、相互之间的逻辑关系写得清清楚楚。与世界上其他民族的神话相比，希腊神话的神际关系是最清楚的，这实际上暗示了希腊人的逻辑能力有其神话渊源。

希腊神际关系一点都不乱。一开始是混沌之神卡俄斯（Chaos），混沌生出大地女神盖娅（Gaia），算是第零代神。然后盖娅生出天神乌兰诺斯（Uranus），还有海神、山神，以及其他第一代神。第二代神，是由天神和地神交配生出来的，包括不少大力神泰坦，其中克洛诺斯（Cronus），时间之神，成了第二代神的神主。

第二代神王克洛诺斯是怎么打败他的父王的呢？当他的父亲天神跟他的母亲地母在床上的时候，他拿起一把镰刀，

▽ 图 1.11

波提切利《维纳斯的诞生》，现藏佛罗伦萨乌菲齐美术馆

就把他父亲的生殖器割掉了，往海里一扔。海上产生了一大堆泡沫，从泡沫里面就诞生了维纳斯。文艺复兴时期的油画《维纳斯的诞生》里面，维纳斯脚下四周就是海中升起来的泡沫。维纳斯应该算是天神克洛诺斯的孩子。

克洛诺斯就这样把他父亲推翻了，自己当了第二代神王。其实这里面有很多隐喻。天神地母一天到晚待在床上有问题，他们必须得分开。时间之神克洛诺斯实际上分开了天地，让天神上天之后不再下来。天地分开以后，就海阔天空了，就有点开天辟地的意思。

克洛诺斯把天神赶上了天空，不再下来。他父亲临走之前，丢给他一句话。他说，你怎么对待我，你的孩子将来也会怎么对待你。克洛诺斯一想有道理，他将来也会生孩子，他的孩子将来起来推翻他怎么办？

克洛诺斯的办法是，孩子生一个吃一个，都吞到肚子里来。他这样做，他的妻子瑞亚（Rhea）很不乐意。她把最后一个孩子宙斯（Zeus）藏在克里特岛，将一块伪装成孩子的石头交给克洛诺斯吞了。宙斯长大之后，在妻子墨提斯的帮助下，给父亲下泄药，把克洛诺斯肚子中的孩子都给吐出来了。大家知道，神是不死的，即使被吞到肚子里去也不会死。这些宙斯的哥哥姐姐们恢复自由后，都拥戴宙斯为王，共同打败了父亲克洛诺斯。

克洛诺斯是时间之神，他对待自己的孩子是生一个吃一个，这也道出了时间的真相。在希腊人看来，时间就是这样的残忍：迎接未来，但又立即将之变成过去。

宙斯这一代神都住在奥林波斯山上，被称为奥林波斯诸神。第三代神里有12位主神，他们是：宙斯（Zeus，神王）、赫拉（Hera，神后）、赫斯提亚（Hestia，灶神）、波塞冬（Poseidon，海神）、德墨特尔（Demeter，农神）、雅典娜（Athena，战神或智慧神）、阿波罗（Apollo，光明或预言神）、阿尔忒弥斯（Artemis，猎神）、阿瑞斯（Ares，战神）、阿芙洛狄忒（Aphrodite，爱神或美神）、赫菲斯特（Hephaestus，匠神）、赫尔墨斯（Hermes，神使）。这12个主神中，灶神赫斯提亚，有时被替换成酒神狄奥尼索斯（Dionysus）。神话故事就发生在这些神中间。

赫拉是神后，是宙斯的正室，但其实宙斯有很多老婆，为什么只有赫拉成了神后？赫拉是宙斯的姐姐，当年不愿意嫁给宙斯。她是一个家庭意识很强、很古板的女神。她对家庭很忠诚，不轻易跟人结婚，要结婚那就要求夫君忠诚于家庭。于是宙斯就允诺她说，我将把你立为神后，结果是，在宙斯众多的妻子里，只有赫拉享有“天后”头衔。我们都知道，神王宙斯风流成性、到处拈花惹草，赫拉因此演绎了许多“争风吃醋”的故事。

雅典娜的来历也值得说一下。宙斯把他父亲克洛诺斯打跑之后，克洛诺斯也下了那个魔咒：你怎么对待我，将来你的孩子也怎么对待你。宙斯与智慧女神墨提斯结婚之后，怀孕了，宙斯害怕自己的孩子推翻自己，就把墨提斯整个儿给吞了。结果墨提斯肚子里的孩子在宙斯肚子里继续生长发育，一直长到宙斯的头上去了。孩子越长越大，宙斯的脑袋也越来越疼。宙斯实在受不了，于是让他的儿子、匠神赫菲斯特，拿把刀把他的脑袋砍开。宙斯脑袋一砍开，雅典娜就蹦出来了。她浑身披坚执锐，是战神的象征。雅典娜是宙斯自己生的孩子。

这些神个个都有奇特的故事。基本上人间经常发生的、能够想象的，不论是高级趣味还是低级趣味，在诸神身上全都发生过。

希腊人相信奥林波斯山上诸神，那就有崇拜神的举动，这个我们称之为希腊人的宗教。可是希腊人既没有自己的圣经，也没有其他圣典，没有教会，没有特殊的祭司或神职阶层，他们的宗教活动是如何开展的呢？

希腊人的宗教活动主要是两种：

>> 希腊人相信奥林波斯山上诸神，主要通过两种宗教活动祭神：一是过节，二是开体育竞技会。

一是过节。希腊人的节日特别多，所有的节日都是在祭祀某个或某些个神。在伯里克利时代，雅典每年的节日达到60多个，最有名的是泛雅典娜节、狄奥尼索斯酒神节。希腊人祭神的方式，简单说来就是“与神同乐”。献祭比较简单，无非酒、谷物、果品之类，然后就是大众狂欢。比如在酒神节上，大家唱歌、跳舞、游行、呐喊，甚至喝得酩酊大醉，然后把活的动物，比如羊、鸡，直接撕开，把血涂在身上发泄，还有很多不堪入目的行为。这是一种宗教活动。

第二种就是开体育竞技会。现代人很难想象，原来体育运动会竟然是希腊人的宗教节日，搞体育比赛竟然是希腊人的宗教行为。古代希腊世界有四大知名的竞技会：奥林匹亚（伊利斯，四年一次，夏至日开始，主祭宙斯、赫拉）、皮提亚（德尔菲，四年一次，奥运第3年开始，主祭阿波罗）、尼米亚（阿哥利斯，两年一次，奥运第2、第4年举办，夏至日开始，主祭宙斯、赫拉）、伊斯米亚（柯林斯，两年一次，奥运第2、第4年举办，春末开始，主祭波塞冬）。四大竞技会把时间错开，使得每年都有全希腊的体育盛会，而这个体育盛会就是希腊人的宗教大会、敬神大会。

△ 图 1.12

古奥运村的赫拉神庙遗址，作者摄

现代奥运会的圣火就是在此神庙前利用太阳能取得

最有名的奥林匹克运动会，原本就是为了祭祀奥林波斯山上诸神。这个盛会的举办地并不在奥林波斯山下，而是在伯罗奔尼撒半岛的伊利斯城邦里。在古奥运村里，有规模庞大的宙斯神庙和赫拉神庙，今天还能看到它们的残垣断壁。宙斯神庙里，曾经敬奉有古代世界七大奇迹之一、高达 13.5 米的宙斯神像。

正因为奥运会的本来意思就是祭神，所以参加者都一定要以神所喜欢的方式来参赛。神有着完美的身体，因此运动员也应该以强壮健美的身体出现。希腊人在奥林匹克运动会上都是裸体比赛，不能穿衣服，身上涂上橄榄油。希腊人以裸体为美，希腊艺术经常表现裸体，也与他们的神话有关。

城邦时代城邦国家众多，一个希腊人如何认同自己的希腊人身份呢？其实很简单：第一，讲希腊语；第二，信奉奥林波斯诸神。是否信奉希腊神，一看城邦里有没有祭祀奥林波斯诸神的神庙，二看是否参加奥运会。具备这些条件就是希腊人，不具备就是野蛮人。有的城邦虽然讲的是希腊语方言，但如果没有资格参加奥运会，严格说也不算希腊人。亚历山大大帝是马其顿人，马其顿位处希腊北部。马其顿人很长时期没有资格参加奥运会，后来才被允许参加。不能参加奥运会，就不算是希腊人。马其顿人虽然能征善战，但仍然十分在乎自己的希腊人身份。亚历山大大帝出生的时候，他的父亲腓力二世的赛马在奥运会上获胜，被腓力视为双喜临门，可见奥运会在其心目中的地位。后来，亚历山大大帝把希腊文明传播到了更广大的地区，为希腊文化的传播做出了巨大的贡献。当然，现在的希腊人都认为他是希腊人。

除了裸体敬神原则之外，奥运会还有一个神圣休战原则，那就是奥运会举办期间不许打仗。如果两个城邦之间正在打仗，马上要开奥运会了，那就不要打了，等开完再打。奥运会之所以拥有休战的功能，还是因为它本身是一种宗教仪式。只有宗教仪式，才可能平息共同信奉此宗教的双方的战争冲动。

>> 希腊奥运会的三个原则：

"裸体敬神"
"神圣休战"
"荣誉至上"

此外还有荣誉至上原则。奥运会的冠军并没有经济上的实质奖励，只是颁发一个由橄榄枝编成的花冠，戴在头上，然而那可是至高无上的荣誉。波斯人听说希腊人你争我抢的东西，居然只是一个橄榄枝花冠，感到非常奇怪。这体现了希腊民族对“荣誉”本身的推崇。如果你在奥运会拿了冠军，那真是不得了。当你回到你的城邦以后，城邦将永远免除你的税，并且为你雕刻铜像、石像立在那儿，你将永久地受到城邦人民的爱戴。那的确是巨大的荣誉。

现代的奥运会既不裸体，也不休战，还追逐奖金，这与古代希腊的奥运会相去甚远。奥林匹克精神的弘扬还任重而道远。

希腊人各城邦之间没有统一的历法，奥林匹克运动会作为全希腊最重要的节日，反过来成了希腊人的纪年依据。中国古代是用朝代年号纪年，希腊人用奥运会纪年。比如说，史料这样记载：亚里士多德生于第88届奥运会第2年，苏格拉底生于第77届奥运会第4年。奥运会成了希腊人民共同的时间尺度，是希腊人最深刻的一种文化认同。

奥运会是全希腊人民的盛大节日。通过运动会，他们与诸神沟通，让希腊人民结成一体。现代奥林匹克运动会在召开之前要传递圣火，每次奥运圣火都是在赫拉神庙的门口用太阳能点燃，然后传到世界各地。为什么要传递“圣火”，为什么称这个火为“圣火”？只是因为根据古代希腊的传统，奥运会本身就是敬神活动，具有神圣性。现代人不信神，只能保留一点外在的仪式，比如请一些希腊女子，打扮成女祭司的模样，跳个舞，做几个动作，然后点燃圣火，点完以后，就向全世界传播。

1.3 城邦文明概论

—

公元前800年，德尔菲成为全希腊人共同认可的**阿波罗神谕所**。据说，公元前776年，伯罗奔尼撒半岛上的伊利斯国王、斯巴达王和皮萨王共同去德尔菲求神谕，问如何把他们的人民从战火中拯救出来，神谕所的女祭司让他们回家筹办竞技会以光耀诸神。这就是奥林匹克运动会的起源。历史学家们也把这一年看成是城邦文明的肇始。

>> **阿波罗神谕所**

世界文化遗产，位于希腊的德尔菲，始建于公元前9世纪，在古希腊时代被认为是世界的中心，也是古希腊的宗教中心和统一的象征。

城邦的字面意思就是城市国家（city-state），与之相对立的，叫作领土国家。一个城市加上周边的郊区农村算一个国家，拥有独立的法律、军队、历法、节庆，这就是城邦。如果一个国家有好几个城市，那就不是城邦，而是领土国家。

>> **希腊城邦特点1**

小国寡民

希腊城邦的第一个特点是小国寡民。希腊半岛也好，爱琴海东岸的小亚细亚地区也好，都是多山，交通不便，难以统一管理，于是形成了为数众多的小国城邦。城邦的数字难以统计，算上海外殖民地，可能有 1000 多个。多数城邦的人口在 1000 到 10000 人之间。

古代希腊最大的城邦是雅典，最多的时候大概有 30 万人。斯巴达不是典型的城邦，因为有好几个城市，这些城市是被它征服的城邦原有的城市，所以斯巴达倒是有点像领土国家，而雅典是典型的城邦国家。

所有的城邦都有卫城。卫城希腊文是 acropolis，其中 acro 是高的意思，polis 是城的意思，卫城的字面意思就是“高城”。卫城有两个基本用途：

第一个是建神庙，将神庙建在最高处，这是敬神。希

▽ **图 1.13**

雅典卫城。作者摄

腊每个城邦都有自己的保护神。雅典的保护神是雅典娜，所以在雅典的卫城上，有古代世界最富丽堂皇的雅典娜处女庙：帕台农（Parthenon，字面意思就是“处女的房间”）神庙。雅典娜是个贞女神，不结婚。希腊神话中，多数女神是结婚的，有的甚至反复结婚，不仅结婚，还有一大堆情人。但雅典娜是忠贞不贰的女神，一辈子不结婚，所以雅典卫城上的雅典娜神庙又叫“处女庙”。这是卫城的第一个功能。

第二个功能是军事上的。一旦有敌人来进攻，全国人民就往卫城上退。卫城居高临下，在古代冷兵器时代，易守难攻，成为城邦的最坚固堡垒。所以城邦的基本地理特征是，它拥有卫城，卫城上有神庙，卫城一定在最高处。

>> 希腊城邦特点 2

四大空间标配：卫城、阿戈拉、剧场和运动场

城邦的第二个空间特征是，它一定有一个叫作阿戈拉（agora）的地方。阿戈拉是什么呢？很不好翻译，因为中文里没有这样对应的东西。一方面，它有贸易功能，人们可以在这里买卖东西，所以有人把它翻译为“集市”。另一方面，它有政治功能，人们在这里商谈国家大事，也有人把它翻译为“广场”。它就是集政治“广场”和商业“集市”于一体的东西。

亚里士多德有句名言：“人是政治的动物”。所谓“政治的动物”就是住在“城邦”里的动物。住在城邦里的人叫“公民”。“公民”除了有私人生活外，还有一层“公共生活”，要关心公共事务。公民的本质是平等享受政治权利，城邦就是为此而设置的政治组织。作为“住在城邦里”的公民，要经常到阿戈拉逛一逛。在阿戈拉这里，大家可以尽兴谈论城邦公共事务，比如要不要出兵打仗，要不要处决某一个

△ 图 1.14

雅典古希腊剧场遗址，希腊悲剧的诞生地。作者摄

人，要不要制定一项新的法律。对这些事情，你作为公民就得表态。阿戈拉就是这样一个供公民就政治问题发表意见的场所。

除了卫城和阿戈拉之外，希腊城邦还有两样特有的建筑空间：剧场和运动场。

剧场，半圆形剧场，是希腊人民在一起观看戏剧的地方。希腊剧场的声学效果非常好，因此也经常作为召开公民大会的场所。希腊戏剧是传播希腊文化的场所。雅典的悲剧传达的是命运的无可逃避性，连诸神都无可奈何，因此强化了希腊人的"客观逻辑"观念。雅典的喜剧则嬉笑怒骂，针砭时弊。伯里克利和苏格拉底都观看过嘲讽自己的戏剧，但并不计较。伯里克利当政时期，甚至动用公款给穷人发看戏补贴。住在雅典郊区的农民穷，又不能轻易离开土地，到城里看戏很不容易。发一点生活补贴，比如发几个面包，就可以鼓励他们进城看戏。为什么要看戏？因为希腊的戏剧里包含了希腊人的文化品位和文化认同。一个城邦的公民通过看戏，可以凝结文化共识。

希腊城邦的第四个空间场所就是竞技场、体育场、运动场。我们都知道希腊诸神体魄健美，这其实折射的是希腊人对自己身体的要求。参加体育运动，是希腊自由民的日常生活，因为健身就是敬神。

总结起来，卫城（神庙）、阿戈拉、剧场和运动场，这是希腊城邦的四大空间标配。拥有这四大建筑的地方就是城邦。今天我们去希腊、土耳其和南意大利旅游，如果看到了有毁弃的圆形剧场，那可以肯定这里就是希腊城邦文化的遗址。

希腊城邦首先是一种政治制度。所谓政治，就是群体内每个人的权利分配方式。城邦认为，每个公民都拥有不可剥夺的政治权利。虽然这种政治权利不一定在所有的历史时期都是平等的，但所有的公民都拥有自己的政治权利，这是没有疑问的。这种鲜明的个人权利意识，可能来自游牧民族的原始民主制。应该说，希腊民族非常幸运地保留了这种政治意识，而我们东方民族就过早地丧失了权利意识和政治参与意识。希腊人自己清楚地意识到这一点，因此在这方面有非常明确的优越感。

>> 希腊城邦特点 3

政治制度：
公民有鲜明的个人权利意识。
城邦有突出的独立自主思想。

除了个人权利意识之外，城邦的独立自主思想也非常突出。希腊人在海外有大量的殖民地，但是殖民地城邦与它们的母邦之间是相互独立的，并不是母邦的一个分支，就像是近代的美国。美国本来是英国殖民地，但是美国人不听英国的，于是爆发了独立战争。美国的独立战争继承了希腊城邦的这种独立自主的精神。

城邦的权力架构有一个变迁过程。一开始是王政，然后是贵族寡头统治，最后是民主政治。但是，不管是哪一种政体，主权在民的思想没有变化。

希腊的王政就是国王统治，在城邦文明的早期就名存实亡了。之前凭着个人杰出的才能和智慧以及标榜自己有神的血统，国王可能获得城邦人民的拥戴，行使统治权力。但是，在黑暗年代向城邦文明过渡时期，王政就越来越带有名义的色彩。

比如斯巴达城邦一直有国王，但是国王没有实权，只是个摆设。他虽然叫国王，但一点权力也没有，人家对他也不怎么敬畏。多数时候还有两个国王。国王只是礼仪上的，比方说有重大的战争，国王必须亲自去，代表城邦宣战。国王没有权力，权力在大大小小的各种委员会，这就过渡到了贵族统治。贵族统治主要依靠少数贵族集体决策，比如长老议事会（后来罗马人称元老院）的权力高于执政官。执政官是任期制，而长老会有可能是终身制。由王政过渡到贵族政治，似乎是希腊—罗马人的通例，而我们东方民族不幸地被固化在君主统治数千年。

从贵族统治经过所谓的“僭主”制，城邦政治就进入到民主制。僭主的英文是tyrant，用在古希腊这里不能译成“暴君”。僭主本来是有任期制的执政官，但夺取了较多的权力，或者获得了民众的拥护，连长老会也奈何不得，于是就“赖”在位置上不肯下来，就成了“僭主”（僭越了任期）。许多僭主是为民众讲话的，特别是代表了传统上弱势民众的利益，所以有进步意义。僭主有的通往民主制，也就是由公民直接投票选举产生领导人、决定国家大事的制度。雅典最后实行的是民主制。

>> **希腊城邦特点 4**

战争是一种崇高的政治行为。

希腊城邦之间经常打仗。有人可能以为希腊人喜欢打仗，实际上希腊人不是喜欢打仗。希腊神话中有战神，名叫阿瑞斯（Ares），但战神在希腊神话中地位并不高。希腊城邦中，没有一个城邦是喜欢战神阿瑞斯的，这就说明希腊人民本质上是不爱打仗的。既然不爱打仗为什么又老打仗？最初的起因肯定是出自本能的争夺资源。希腊这个地方，土地贫瘠，资源不够丰富，城邦之间的战争是不可避免的。希腊人对这种无可逃避的战争的态度是，勇敢地承担起来：既不怨天尤人，也不想办法回避。相反，通过战争促进了公民社会的建设：只有在战争中为城邦做过贡献的人，才有资格做公民；相应的，只有公民才有资格参加战争。这后一点特别有意思。在希腊城邦时代，奴隶们是没有资格打仗的，因为希腊人认为，战争是一种崇高的政治行为，是自由民的公共事务。奴隶们没有自由，无权参加公共事务。即便上战场，也是担任辅助角色。自由民上战场的时候，带的东西比较多，比如头盔、胸甲、盾、矛，加起来几十公斤，于是富人会雇两个奴隶帮他拎着，在上阵之前再给他拿上来。

由于战争是自由民的政治行为，因此，不同的战争模式会改变城邦政治本身。城邦早期曾经有一段时间骑兵很重要，这个时候，家里有钱，能买马、装备骑兵的人就会获得更多的政治权利。因为按照城邦政治制度，谁打仗的贡献大，对城邦贡献就大，那么治理国家的时候，谁的权力就大。希腊人打仗，都是参战者各自准备兵器，国家不给你装备。你家没马，你就当不了骑兵。养匹马不容易，所以只有富人家才有当骑兵的可能性。在骑兵占优势地位的战争年代，城邦里有权有势者通常是富人。

大约在公元前6世纪的时候，希腊军事发生了革命性的变化，那就是重装步兵的出现。重装步兵代替骑兵，成为战争的主力。重装步兵当然也要求有一套装备，但没有骑兵那么昂贵，中产阶级可以置办得起。比如苏格拉底，平时穿着破衣烂衫，给人的感觉好像过得不富裕，可是就凭他当过重装步兵这一点，他就是个中产，不是贫农。

重装步兵的出现，也决定了希腊政治制度往民主制方向转变。中产阶级成为社会的中坚力量，这个社会是稳定的。重装步兵的出现，推进了希腊城邦的民主制度。

>> **希腊城邦特点 5**

经济以农牧业为主，进出口贸易发达。

希腊城邦的经济，有农业和牧业。希腊人养羊有传统，农业差一点。雅典的粮食完全不能自给自足，主要靠从黑海地区和埃及进口。雅典的经济强项是出口葡萄酒和橄榄油，还有精美的陶器。城市手工业非常发达，除了制陶、酿酒、榨油外，还有造船、建筑、雕刻、皮革、冶铁等。这些手工业都代表了相当高的技术水平。

>> **希腊城邦特点 6**

希腊艺术中比较突出的有戏剧、雕刻和建筑。

希腊艺术中比较突出的有戏剧。刚才已经讲到，剧场和演剧的出现跟敬神有着很大的关系。希腊除了奥林匹克竞技会这样的敬神仪式之外，各种节日也是敬神的仪式。由于奥林匹克竞技会不许女人参加，女人们就开辟了另外一种敬神仪式。

希腊人信奉多神教，除了宙斯、赫拉这样比较“道貌岸然”的神之外，还有像酒神狄奥尼索斯这种比较接地气的神。他长相猥琐，喜欢插科打诨，甚至说点下流话什么的，所以他深得希腊妇女的喜欢。就像我们中国的猪八戒一样

（据说猪八戒深受部分中国女性的喜爱），狄奥尼索斯也受到希腊妇女的喜爱。女人不能参加奥运会，那她们就在祭祀狄奥尼索斯的活动中尽情补偿。

一开始是一群人戴着面具唱歌，后来出现一个人领唱，再后来两个人领唱，还做些滑稽的表演。这些领唱兼做动作的人就成了演员。再再后来，演员越来越多。雅典人**埃斯库罗斯**，最早把戏剧这个表演模式发明出来，所以他被后世称为戏剧之父。

>> 埃斯库罗斯
（Aeschylus，公元前 525—公元前 456 年）

古希腊悲剧诗人，代表作有《被缚的普罗米修斯》《阿伽门农》《善好者》等。

演戏实际上也是城邦民主生活的一个表现。民主制不是抽象的，必须要落实到具体的生活之中。就像我们说现代公民享受各项自由、享受法律保障，关键是通过什么机制落实下来。城邦生活必然要落实城邦民主制度提供的各项自由。戏剧可以算是当时的大众媒体。雅典的戏剧可以自由地抨击任何人。伯里克利是公认的雅典历史上最伟大的政治家，但他在戏剧中经常遭到挖苦和嘲讽。伯里克利并不以为意，还制定政策给看戏人津贴。这就是雅典的日常生活。

有一个叫**阿里斯托芬**的喜剧作家，写过一部喜剧叫《云》。在这部喜剧里，苏格拉底就受到了嘲弄，把他看成是智者的代表。其实，苏格拉底最反对智者们的那一套，但现在他被阿里斯托芬当成是智者的典型，他没有什么表示，相反“誓死捍卫戏剧家的言论自由”。这就证明了雅典的公众人物有这种心理承受力。

>> 阿里斯托芬
（Aristophanes，约公元前 446—公元前 385 年）

古希腊喜剧代表诗人，有“喜剧之父”之称，代表作有《阿卡奈人》《鸟》《蛙》等。

希腊艺术的另一个突出方面是雕刻。我们今天还能在世界上许多著名博物馆里看到希腊人遗留下来的雕刻艺术作品。雅典有一个著名的雕刻家，叫菲迪亚斯。菲迪亚斯曾经雕刻过帕特农神庙里面的雅典娜像，以及奥林匹克村宙

△ 图 1.15

三种立柱
左：多利亚式
中：爱奥尼亚式
右：科林斯式

斯神庙里的宙斯像，都是古代世界的传奇作品，可惜都毁坏了。

希腊的第三类重要的艺术作品是建筑。希腊建筑通常是柱廊结构。希腊气候温和，流行四面透风的柱廊建筑。希腊化时期有一个哲学流派叫作斯多亚学派，“斯多亚”（Stoa）这个词在希腊文里就是“柱廊”的意思。斯多亚学派就是柱廊学派，他们经常在公共的柱廊里走来走去讨论问题。

希腊建筑的立柱有三种。第一种叫多利亚式，是最古老的一种模式。雅典的帕特农神庙就是多利亚式立柱。它的特点是朴实无华，很粗壮，柱粗头扁。第二种是爱奥尼亚式。在雅典卫城上，帕特农旁边的厄瑞克特翁神庙就是爱奥尼亚式立柱，有柱基和柱头，稍微繁复一点，纤细一点。第三种是科林斯式。这种柱子更加繁琐和奢华，雅典的宙斯神庙就是科林斯式立柱。

1.4 城邦文明与科学的诞生

一

我们刚才简略地介绍了希腊城邦文明，现在要解释一下，为什么这样的环境产生了科学，为什么科学只产生在这样的环境里？

什么是科学？科学当然是知识，但不是一般的知识。如果说“科学”就等于“知识”，那科学早就出现了，不必等到希腊人来创造。“科学”是一种特殊类型的知识。

人类是一种特殊的物种，在进化过程中产生了体外进化的新路径。由于基因突变，人类走上了“直立行走”和“脑量变大”的发展道路，但是这两个基因突变有着深刻的内在矛盾。“直立行走”的进化趋势，要求人类的骨骼整体发生变化，最显著的变化之一就是骨盆变窄，而骨盆变窄与“脑量变大”发生尖锐的矛盾：生育出现困难。进化采取的策略是让人类整体“早产”。在动物界，脑量与胎儿的孕育期有一个正相关关系。像人类这样成体拥有平均 1450 毫升的脑量的物种，其胎儿的孕育期应该是 21 个月。但是，21 个月的胎儿脑袋太大，人类的母亲生不出来。结果，只有那些拥有早产能力的亚种幸存下来。

“早产”的人类与“顺产”的动物不一样。“顺产”的动物依靠自己的基因，就各自在自然界找到了自己的生存位置，而“早产”的人类光靠基因不足以维持自己的生存，需要通过后天的“教养”才能获得生存能力。这个后天的教养就是“知识”。从这个意义上讲，人类自从成为人类，就都是有“知识”的。

与外部环境打交道的知识，我们今天称之为“自然知识”；与人打交道的知识，我们称之为“社会知识”；还有与神灵世界打交道的知识，是“神圣知识”。远古时期，这些知识大概是混杂在一起，并没有明确地区分出来。当社会发展到了一定程度，就有了专门创造和保存知识的知识分子阶层。古代的僧侣、祭司、文官，就是最早的知识分子。古老的文明如埃及、巴比伦，都有比较发达的知识分子阶层。他们为统治者服务。

>>“有用的”知识

自然知识：
与外部环境打交道的知识。

社会知识：
与人打交道的知识。

神圣知识：
与神灵世界打交道的知识。

希腊之前的知识都是**“有用的”知识**，或者服务于国家统治的需要，或者服务于人民的日常生活；或观测天空、制定历法，或勘探大地、了解物产；或修建神庙建筑、兴修水利工程，或种植谷物、驯养动物；或统计人口、管理税收，或记载祖先丰功伟绩、赞扬神的恩惠和光荣。伟大的古文明都有丰富发达的知识体系和知识分子阶层，但是，这些知识都不是“科学”。

>> 亚里士多德将知识分为三种类型

经验：由记忆积累而成。

技艺：关于普遍事物的理论知识。

科学：为了“自身”的目的而存在的高级知识。

亚里士多德在《形而上学》中提出了知识三个阶段和三种类型。第一种是“经验”。他认为，低等动物有感觉，而高等动物除了有感觉还有记忆。记忆可以积累成“经验”。因此，按照亚里士多德的说法，高等动物都有“经验”意义上的“知识”。但是，经验知识属于“知其然而不知其所以然”。“知其所以然”的知识是第二种，他称之为“技艺”。经验是关于个别事物的知识，而技艺是关于普遍事物的知识。技艺知识高于经验知识，技艺者比经验者更有智慧。这两个阶段的知识，都是我们中国人熟悉和认可的。我们往往把高于经验知识的“技艺”称为“理论知识”。但是，我们不熟悉不了解亚里士多德所说的第三种知识。

亚里士多德说，最高级的知识是第三类知识，即科学。

科学与技艺的区别在于，技艺有功利目的、服务于日常生活的需要，而科学没有功利目的，只是单纯为着知识本身。“在各门知识中，那为着自身，为知识而求取知识，比那为后果而求取的知识，更加是智慧。”“如若人们为了摆脱无知则进行哲学思考，那么，很显然他们是为了求知而求知，并不以实用为目的。”这种为了“自身”的目的而存在的知识，就是“科学”。

我们看到，这种“为知识而知识”的“科学”从没有在希腊之前的古老文明中出现过，也没有在受希腊文明影响的世界之外出现过。

“科学”知识的关键是着眼于“自身”“自己”和“自由”。它之所以独独出现在希腊城邦时期，原因在于，希腊城邦恰恰是一个“自由民”自由地生活的地方。自由民与奴隶的区别在于，自由民为了自己而存在，而奴隶为他人而存在。亚里士多德在解释科学这种自由的知识时也说：“正如我们把一个为自己、并不为他人而存在的人称为自由人一样，在各种科学中唯有这种科学才是自由的，只有它才仅为了自身而存在。”只有自由民才会发展自由的知识，这就是科学。

自由的科学首先是超功利的。一切有用的东西，都是为了它者而存在，只有无用的东西，才为了自己而存在。追求知识本身，不考虑它的功用，这种精神气质，除了希腊城邦时期的希腊人，其他文明都闻所未闻。

自由的科学由于着眼于自身、自己，不考虑外部的功用，因此，它就必然是一种自我推演的知识。这种知识我们今天称之为“演绎科学”。试想想，那些沉浸在“学以致用”

理想之中的民族，怎么可能发展出这种意义上的“科学”呢？中国古代的墨家和名家，有发展演绎科学的能力和想法，但很快边缘化了。

希腊城邦文明强调自由民的个体自觉和对公共事务的自主参与，这是希腊文明创造性的伟大源泉。“自由”才是希腊城邦文明真正的精神气质。古代希腊人当时就意识到自己的优越性。他们毫不隐讳地说，我们之所以比东方人高贵，就在于我们是自由的民族。他们动不动就为自由而战，这是一个很大的特点。历史上希腊与波斯的战争，充分证明了城邦文明的伟大。当时的波斯大军，人数众多，但以雅典为首的希腊人最后还是打败了数十倍于自己的敌人。

>> **伯罗奔尼撒战争**

以雅典为首的提洛同盟与以斯巴达为首的伯罗奔尼撒联盟之间的一场战争。其间双方曾几度停战，最终斯巴达获得胜利。这场战争结束了希腊的民主时代，导致战后希腊奴隶制城邦的危机，整个希腊开始由盛转衰。

然而，**伯罗奔尼撒战争**，也就是雅典与斯巴达之间的争霸战争，以雅典失败告终，揭示了希腊城邦文明的致命弱点。小国寡民、资源贫乏，必然带来连年不断的战争。城邦民主制不够成熟，很容易受政治家的蛊惑而自毁长城。希腊城邦文明最终整体上让位于罗马文明，而罗马文明既继承了希腊文明的主权在民的思想，又发展了一种类似东方那样的大规模、大版图的领土国家统治模式，结果非常成功。然而，城邦文明之后，科学就逐步衰落，即便在罗马帝国这样版图辽阔、财力雄厚、统治有方的国家。这也足以说明，科学并不是一种天然有助于国家统治、人民富裕的东西。但是，它的确是一种“自由”精神的象征和体现。

第 2 章
米利都学派：寻求万物的始基

城邦文明最早发达的地方并不是希腊本土，而是小亚细亚地区的海外殖民城邦。亚细亚（Asia）出自希腊语，意思是“太阳升起的地方”。我们今天自称亚洲人，其实是希腊人的说法。从这个小细节也可以看出来，我们今天是通过希腊人获得自我认同，因此某种意义上都是希腊人。

如今土耳其的西半部分被地中海和黑海围绕的一带，被古代希腊人称为“小亚细亚”（Asia Minor），也叫安那托利亚（Anatolia）。小亚细亚西部的地中海沿岸地区中段被称为爱奥尼亚（Ionia）。公元前 11 世纪，来自希腊本土的爱奥尼亚人在此创立了 12 个殖民城邦。从北边的赫墨斯河（Hermus，今称 Gediz 河）入海口城邦弗凯亚（Phocaea），到南边的米安德河（Maeander）入海口城邦米利都之间，外加希俄斯岛和萨莫斯岛，共有 12 个城邦共同组成爱奥尼亚联盟。

爱奥尼亚城邦沿着海岸线建立，希腊人出行都靠海。他们的东边紧挨着山，山那边是吕底亚人的地盘。吕底亚王国的首都在萨迪斯（Sardis）。因为大山的阻隔，吕底亚人的势力也不容易过来，所以双方相安无事。公元前 547 年，波斯击败了吕底亚，爱奥尼亚诸邦都被迫向波斯臣服。公元前 499 年，米利都人带头起义，反抗波斯的统治。公元前 498 年，在雅典的援助下，米利都人攻陷了萨迪斯。波斯人于公元前 494 年反攻，占领了米利都，将男人们杀光，将妇女儿童卖为奴隶。次年，雅典剧场里上演了“米利都的陷落”，雅典人群情激奋，立志报仇雪恨，拉开了**希腊—波斯战争**的序幕。

>> **希腊—波斯战争：**

简称希波战争（Greco-Persian Wars），波斯帝国为扩张领土而对希腊发起的侵略战争。公元前 449 年希腊取得战争的最后胜利，规定波斯放弃对小亚细亚诸希腊城邦的统治，波斯军舰不得进入爱琴海，塞浦路斯归波斯管辖。

米利都因为处在米安德河的入海口，交通便利，很早就是东地中海的海上霸主（希罗多德语）。米利都城邦于大约公元前 1050 年由麦加拉人所建，信奉雅典娜和阿波罗神。到了公元前 7 世纪时，有人口 6 万左右，在海外又开拓了 90 多个殖民城邦（根据老普林尼的说法）。

由于米安德河携带着大量的泥沙，使入海口逐步东移，古代的海湾今天已经成了陆地，米利都遗址也不再在海边，离海岸线有 4 公里之遥。我们现在还能够在遗址找到一个古剧场。这个剧场在古代紧邻港口。从世界各地来的客商和旅人，上岸就可以直奔剧场看戏。

公元前 630 年左右，米利都由僭主特拉斯布鲁斯（Thrasybulus）统治。前面讲过，僭主是贵族统治向民主制转化的中间环节，是贵族阶级与平民阶级利益博弈和平衡的

▽ **图 2.1**

米利都古剧场，作者摄

结果，在古典时代具有积极意义。古典时期除了雅典等少数城邦实行完全民主制外，多数实行僭主统治。米利都在特拉斯布鲁斯治下，经济繁荣，成为希腊世界的经济重镇和文化中心。我们要讲的米利都学派就生活在此之后。

说米利都学派开创了希腊科学，这当然是后世追认的结果。主要的追认者是亚里士多德（Aristotle，公元前384—公元前322年）。亚里士多德在他的作品中每谈及一个学术话题，经常会追溯他的前辈就这个问题发表的意见，并进行甄别。根据他的追溯以及其他古典作家的追溯，我们把希腊最早的科学家，确定为米利都学派。

米利都学派由三位学者组成，分别是泰勒斯、阿那克西曼德和阿那克西米尼。三位的生平都只有非常稀薄的历史资料支持。为了给这些科学先驱们的生活和工作年代一个时间定位，古代史学家发明了“鼎盛年”（akme）的概念。所谓鼎盛年，就是一个人做出最重要传世成就的年份，通常假定是在他40岁左右的年龄。这样，根据鼎盛年，就可以把一个人大致的生活年代确定下来。泰勒斯主要的传世成就是预测过一次日全食，后人推测是公元前585年的那一次。阿那克西曼德是泰勒斯的学生，大约年少20岁，鼎盛年定在公元前565年。阿那克西米尼又是阿那克西曼德的学生，再年少20岁，鼎盛年定在公元前545年。这一年正好是萨迪斯陷落的时间，也就是说，米利都学派大体生活在波斯势力染指爱奥尼亚地区之前，离亚里士多德他们这一代雅典哲学家，相差大概二百年。

2.1 泰勒斯

古代希腊一直有所谓**“七贤”**的传说，七位贤人具体是哪些人，不同的版本有不同的说法，但几乎所有的版本都会提到米利都的泰勒斯和雅典的梭伦。梭伦（Solon，公元前638—公元前559年）是雅典著名的政治家，历史记载较多，生平业绩比较清楚。相比之下，泰勒斯的生平事迹要模糊得多，但是，几乎所有的记载都强调说，其他的贤人都是因为其政治上的智慧而获此荣誉，只有泰勒斯是因为在学术上的贡献。因此，把泰勒斯作为希腊科学第一人，是有历史根据的。

>> 七贤

认可度高的版本是：梭伦（Solon）、泰勒斯（Thales）、拜阿斯（Biass）、开伦（Chilon）、克利奥布拉斯（Kleoboulos）、佩里安德（Periandros）、庇达卡斯（Pittakos）。

泰勒斯最重要的一个事迹是历史学家**希罗多德**说他预测了一次日全食。日全食的预测是不容易的，但也不是完全不可能。巴比伦人已经发现了所谓的“沙罗周期”。“沙罗”（saros）在拉丁文中是“重复”的意思。1691年，天文学家哈雷用此词来描述古巴比伦人发现的天文周期。古巴比伦人已经发现，太阳的运动和月亮的运动都是周期运动，这些周期运动可以用来预测日全食。泰勒斯从巴比伦人那里得到沙罗周期的数字，以此预测日全食不是没有可能的。

>> 希罗多德
（Herodotus，约公元前484—公元前425年）

古希腊作家、历史学家，所著《历史》（*Ἱστορίαι*）一书成为西方文学史上第一部完整流传下来的散文作品，希罗多德也因此被尊称为“历史之父”。

根据现代天文学的推算，米利都地区在公元前600年左右发生日全食的时间有三次：公元前610年9月30日，公元前597年7月21日，公元前585年5月28日。历史学家兼顾其他历史记载，把泰勒斯发现的那次日全食定在公元前585年这一次。前面说了，大家也因此把他的鼎盛年定在这一年。

天文学从世俗层面上讲，关乎农业生产的时间安排，关乎航海定位；从神圣层面上讲，关乎天人沟通，所以是人类生活中比较重要的知识。天上几个显著天体的运动虽然是周期运动，但周期长短不容易精确确定，而且不同天体周期之间不是整数比例关系，非常复杂。搞懂天文学，代表着相当的观测经验和智力水平。文明古国都有相关的天文记录和天文知识，也有专门掌管天文知识的知识分子。在中国古代，天文学地位格外重要，被认为与皇帝统治的合法性密切关联，因此，中国的天文学向来是皇家垄断之学问，民间不得私习，皇家天文学家因此也拥有很高的社会地位。但是，在希腊人之前和之外，天文学都是形形色色的实用知识或神圣知识，不是“科学”。

泰勒斯在把“天文学”改造成“科学”方面迈出了重要的一步。

>>《泰阿泰德》(*Theaetetu*)：

柏拉图的一篇重要作品，由两场谈话组成。前一场是欧几里德和特尔普西翁两人简短的铺垫性谈话，后一场是苏格拉底、塞奥多洛和泰阿泰德之间的哲学谈话，其主题是探究“知识”的本性。全文采用苏格拉底式的辩驳论证，以无结论的方式结尾。

柏拉图在《**泰阿泰德**》中记述了一个有关泰勒斯的故事。故事说，泰勒斯夜间仰望星空，不小心掉到坑里去了，被一位路过的色雷斯女仆嘲笑。女仆说，您地上的事情还没有搞清楚，就仰望星空啊？这个故事可以有不同的方式来解读。

有的解读说，泰勒斯虽然看的是天上的东西，但关心的是地面上的事情，因为他看天的目的是预测明天的天气，或者明年的天气。这类解读在中国比较流行，把泰勒斯看成是一个有高超预测能力的人。这也是我们中国人心目中的“科学家”的典型形象之一——科学家是那种拥有特殊的知识，从而拥有常人所不能及的预测能力的人。当然，这个解读在技术层面上就有问题。看星空怎么可能预测明天的天气呢？更不要说预报明年的天气。

有的解读强调“仰望星空”是一种超越现实的“理想主义”姿态。德国哲学家**黑格尔**在《哲学史讲演录》里评论说：“只有那些永远躺在坑里的从不仰望星空的人才不会掉进坑里。”这个当然是正解。柏拉图在其他地方也强调说，泰勒斯式的仰望星空并不是有任何现实的功利目的，相反是一种对现实的超越。

>> **黑格尔**
（Georg Wilhelm Friedrich Hegel，1770–1831）

19 世纪唯心论哲学的代表人物之一，著有《黑格尔早期神学著作》《逻辑学》《美学讲演录》《哲学史讲演录》。

泰勒斯具体对希腊天文学成为科学有何贡献，由于历史资料的欠缺，我们并不清楚。但是，当时的他的确是以拥有丰富的天文学知识而受到尊崇的。据说，他的墓碑上写着：“这里长眠的泰勒斯是最聪明的天文学家，米利都和爱奥尼亚的骄傲。”

在创立“科学”方面，我们知道得更多的是泰勒斯在几何学和哲学方面的贡献。

泰勒斯被认为是几何学的创始人。几何学一词来自希腊文 γεωμετρία（geometria），其中的 geo 是“大地”的意思，metria 是“测量”的意思。这门学问来自埃及。尼罗河畔的埃及每年都遭受尼罗河水的泛滥。河水泛滥之后，河流两岸的田地就被淹。河水退去之后，原有的田界就变得模糊不清。重新丈量土地、划分地界，是埃及人民十分熟知的工作。也就是说，原初的几何学作为“测地术”来自埃及。测地术是一门实用性很强的学问，而几何学却不是。

几何学的目的不仅在于提供比测地术更普遍的知识，更在于创造了一种全新的知识类型：证明性知识。

据说泰勒斯发现了相似三角形各边比例相等的定理，从而轻而易举根据自己的影长、身高以及金字塔的影长算出金字塔的高度。这仍然是在强调普遍性的知识有更普遍的应用

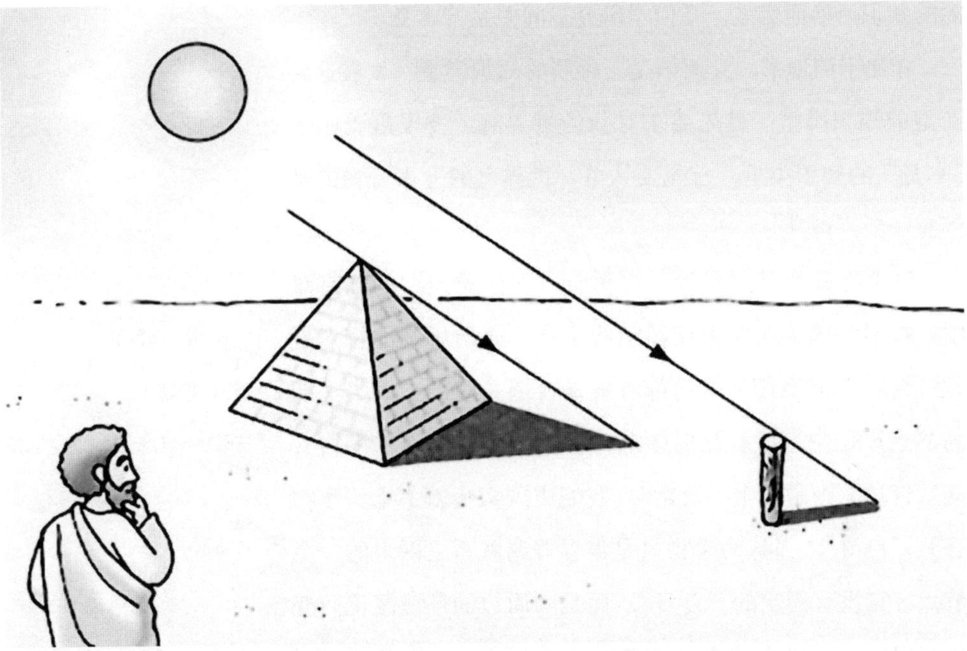

△ 图 2.2

测定金字塔高度示意图

范围。但是，从几何学与测地术的分野看，几何学之所以成为几何，在于它是一种证明性知识。

据说泰勒斯证明了如下定理：

以直径为一边的圆内三角形都是直角三角形

圆周被直径等分

等腰三角形底角相等

对顶角相等

角边角相等的两三角形全等

几何学不再关心现实的空间测算，而只关心概念之间的逻辑关联。几何学的点没有大小，线没有粗细，面没有厚薄。几何学力图展开的是一种内在性知识，即由概念本身蕴涵的知识。换而言之，几何学研究空间关系“本身”。

相比于测地术，几何学是一种新的知识类型。发展这种新型的知识类型，首先要求有新的世界观。要发展着眼于“本身”的知识类型，首先要认可：世界上的万事万物的确都有一个“自身”。

说事物都有其“自身”很稀奇、很困难吗？的确有难度。按照法国人类学家**布留尔**的说法，原始思维的特点是“互渗律”，即把任何事物都看成是普遍关联的。人类文明的演进过程中，持有互渗律是一种普遍现象，而让事物有其“自身”则是一个“反常”。我们中国文化就不承认事物有其“自身”，而认为事物只是世界普遍联系之网上的一个节点。它没有固定的“自身”，而是随周边的环境变化而变化。中国文化讲天地人三才之间互感互通，天人合一，因此，不可能存在一个“不以人们意志为转移的客观世界”。

>> 列维—布留尔（Lvy—Bruhl, Lucien, 1857–1939）

法国社会学家，哲学家，人类学家。

在泰勒斯之前的希腊人以及之后的多数非希腊人普遍持有神话世界观，就是认为世界上的事物都是由诸神在支配。事物由诸神支配，那就是说事物没有能力支配“自己”。发现某些事物拥有“自己”，这被称为“自然的发现”，因为所谓“自然物”就是在自己的内部拥有自己如此而不如彼的原因，这个原因就是“自然”。“自然的发现”被科学史家认为是“科学”诞生的主要标志。

说希腊人做出了“自然的发现”，并不是说日月星辰、山川河流、花鸟鱼虫这些东西是希腊人发现的。这些东西当然早就被人们所知晓。但是，是希腊人第一个把这些东西“看成”是“自己决定自己”的东西，把它们“看成”是“自然物”因而共同组成一个“自然界”。这是“自然的发现”的意思。

首先我们要强调一下，中国古人其实没有“自然”概念。“自然”是一个现代汉语的词汇，而不是一个古代汉语的词汇。现代汉语的“自然”一词来自日本人对于英文 nature 的汉译。尽管在老子的《道德经》里多次出现过“自”“然”二字并列使用的情况，但那里的“自”“然”二字并不是一个单词，更不是一个名词，而是“自己”“如此”的意思。老子讲“人法地，地法天，天法道，道法自然”，并不是说“道”要去效法一个高于道的“自然”，而是说，道作为最高的存在，只能效法“自己”。

希腊人之所以能够发现或者发明“自然”概念，大概有几个方面的原因。首先，奥林波斯诸神虽然不死，虽然各自有超强能力，却不能如基督教的上帝那样为所欲为、心想事成。诸神某种意义上还是有限的存在者。它们既然有身体，那就不是无限的。神既然是多元的，那就会相互制约。因此，事物并没有完全丧失自身。

其次，希腊戏剧里不断出现的“命运”的观念，极大地限制了诸神的能力。**怀特海**说得好，“悲剧的本质不是不幸，而是命运的不可逃避性”。希腊悲剧结局都是很惨的，但是，在整个剧情里，没有什么明显的坏人。似乎每个参与者都在想办法避免那个最坏的结果，但是想尽了办法，还是逃避不了。我们看看那个最有名的《俄狄浦斯王》。命运让俄狄浦斯长大后杀父娶母，他的亲生父母为了避免这个结果，生下来就把他丢弃了，但是被丢弃的他并没有死，而是被另一个国王收养。长大成人后，他又听说了这个不幸的传说。为了避免这个不幸的命运，他自己主动离开收养他的父母，却没

>> **阿尔弗雷德·诺思·怀特海（Alfred North Whitehead，1861—1947）**

英国数学家、哲学家和教育理论家，“过程哲学”创始人，著有《过程与实在》《观念的历险》等，并与罗素合著《数学原理》。

有想到他离开的恰恰不是他的亲生父母。相反，在他离开的路上，他失手杀害了他的亲生父亲，而且由于破解了怪物斯芬克斯的谜语，解救了他的母邦人民，从而当了国王、娶了王后（也就是他的亲生母亲）。我们看到，在这个悲剧里，触目惊心地正是那个命运的不可逃避性。

怀特海因此说，那个命运的不可逃避性，就是“科学”所要求的“客观性”。这种“客观性”是诸神也没有办法的。人也好，神也好，都不过是执行“命运”的工具。这种命运观通过希腊戏剧为城邦时代的希腊人所接受，大大有利于“自然的发现”。

>> 希腊人能够发现“自然”概念的原因

第一，奥利波斯诸神的能力有所限制，相互制约。

第二，希腊戏剧中命运的不可逃避性，即“科学”所要求的“客观性”。

泰勒斯在“自然的发现”中扮演何种角色，也是有迹可寻的。有一则记载说，他认为地震或海啸并不是海神波塞冬发怒造成的，而是因为大地浮在水上如同船浮在水上，受水面上波浪的影响，大地难免出现震动。这个故事可以看成是他对“自然的发现”的一个贡献。

对“自然的发现”的更大贡献体现在哲学方面。除了几何学、天文学之外，在发展一套关于“自己”“自身”的知识方面，哲学也是典型的“科学”。

亚里士多德认为，泰勒斯最早提出了“始基”的问题，并且做出了独特的回答。

“始基”的希腊文是 ἀρχή (arche)，意思有“原始”“本原”“开端”等。今天的考古学 archeology 就是以此为词根。始基可以从时间上来理解，也可以从空间上理解。从时间上讲，它的意思是“开端”，是时间上在先的东西；从空间上理解，它的意思是“组分”，是构成性的质料。也可以从超时空理解，把它看成永恒的“原则”“原理”。我倾向于相信，

>>“始基”可以从不同角度来理解

时间角度：“开端”。
空间角度：“组分”。
超时空角度：“原则”。

做“时间”的理解比较合理。也就是说，泰勒斯提出了万物的共同“起源”问题。问题是：这个作为万事万物共同起源的“始基”是什么？泰勒斯的答案是：水。万物源于水。

为什么把水摆在这样重要的位置？有许多理由：所有的生命都依赖于水；我们的世界周边围绕着水；大地浮在水上，水承载大地……这是一些直观的理由。两河流域的神话本来就以水神（Apsu，Mummu）为起始神，这对泰勒斯肯定有影响。我们现在无法知道他提出水的理由，但他的确是提出了“万物源于水”的命题。这个命题影响深远。

提出“始基”问题，就是提出事物的“本质”问题。事物拥有“本质”，前提是事物拥有“自己”。

希腊人之前的古老文明，一定流传了许多以格言、箴言、教义的方式出现的人生智慧的知识总结。“万物源于水”与它们的不同在于：第一，它与人的日常生活没有关系，它说的是事物本身；第二，它可以被检验、被论证、被批判。亚里士多德称泰勒斯开创了“自然哲学”传统。

2.2 阿那克西曼德

一

如果只有泰勒斯一个人，我们肯定无法理解“科学”起源于米利都。科学之所以起源于米利都，是因为这里有一个学派。这个学派的前赴后继，显示了一个理论“自身”“内在”地“批判”活动。

阿那克西曼德的生平事迹主要得自亚里士多德的学生塞奥弗拉斯特，也就是说，亚里士多德肯定是知道他的。如果在亚里士多德的时代，阿那克西曼德的著作还留存的话，那亚里士多德肯定是读过的。

阿那克西曼德生活的年代，离荷马和赫西俄德的时代已经过去了二百年，离柏拉图的时代还差二百年，处在承上启下的中点。他的传世业绩有两样。一是他改进了从巴比伦引进的日晷，将一个白天定为 12 个小时。罗马时代留下来的马赛克画里，他的形象就是手持一个日晷。二是他绘制了一份世界地图，因而被称为地理学之父。但是，作为米利都学派的承前启后者，他更为人知的是，他继承了泰勒斯的始基问题，但给出了完全不一样的答案：万物的本原不是水，而是“阿派让”（apeiron）。

△ **图 2.3**

古罗马马赛克画《手持日晷的阿那克西曼德》。发现于德国特里尔城，创作时间是公元 3 世纪早期

阿派让的希腊文意思是“无限定”，把本原说成是无限定，挺难理解的，而且，泰勒斯分明已经说了万物本原是水，而水是一个具体的东西，突然来一个“无限定”，也显得很突然。

泰勒斯说万物源于水，当然是有问题的，因为很明显我们的世界里充满了不是水的东西。这些不是水的东西如何可能由水而来，或者由水组成？阿那克西曼德走了一条新的路线，把“始基”由具体的事物转移到抽象的概念，这某种意义上是一次飞跃。

关于始基或者本原，他留下了一段比较完整的话：“各种存在物由它产生，毁灭后又复归于它，都是必然性而产生的。它们按照时间的顺序，为其不正义受到惩罚并且相互补偿。”这段话讲了这么几层意思。第一层，事物与其本原的关系，是由之产生又复归于它的关系。泰勒斯说的 arche 只是说“起源”，阿那克西曼德不仅说“起源”于始基，而且最终还要归于始基。第二层，事物与其始基的关系，是一种“必然”的关系，无一可以例外。第三层，有点费解，是说事物的产生和毁灭，是因其不正义而受到惩罚的结果。这层意思按照现代人的理解是比较深刻的，它意味着事物的产生是原始的“一”的自我分裂，而每一个具体的事物都是这种分裂之后对立双方的某一方。对立双方此消彼长，就解释了事物的变化。此外，“正义”“惩罚”“补偿”都是一些法律上的概念，阿氏使用这些概念来表达自然物的哲学，说明了希腊成熟的城邦法律制度影响了希腊人对于世界的看法，影响了他们的自然哲学。

>>“阿派让”有两层意思

第一，作为世界起点的混沌。第二，世界形成之后自我封闭的无界空间。

阿派让作为起始点、出发点，可能指的是混沌(chaos)。在希腊神话中，在鸿蒙未开之前的世界状态就是混沌，因此，也可以说，世界上万事万物的起点就是阿派让，这可以讲得通。事实上，水肯定不是最原初的东西。如果阿那克西曼德继续他老师的思路，接着往前追的话，就会追到混沌。所以，从质料意义上讲，阿派让可以理解成混沌。

作为世界之起点的阿派让在世界形成之后还存在吗？以什么方式存在？这可以引出关于“阿派让”的第二种意思，那就是一种自我封闭的无界空间，具体说，就是圆球形状。世界在形成之后继续被阿派让所包围，包围的方式是圆球。所以，从形式意义上讲，阿派让可以理解成一个球形。

这第二层意思需要与阿那克西曼德的宇宙论结合起来理解。泰勒斯的宇宙论是不明确的。他主张大地像圆盘一样浮在水上，而天空的形状如何，不清楚。阿那克西曼德不然，他大概是希腊历史上第一次明确地提出“天球”与“地心”

思想的人。

他明确地给出了一个球状宇宙理论：宇宙是一个球体，而大地“空悬”在宇宙的“中央”。这个思想绝对是米利都学派最辉煌的思想，是理性思维散发出的第一道灿烂的光辉。

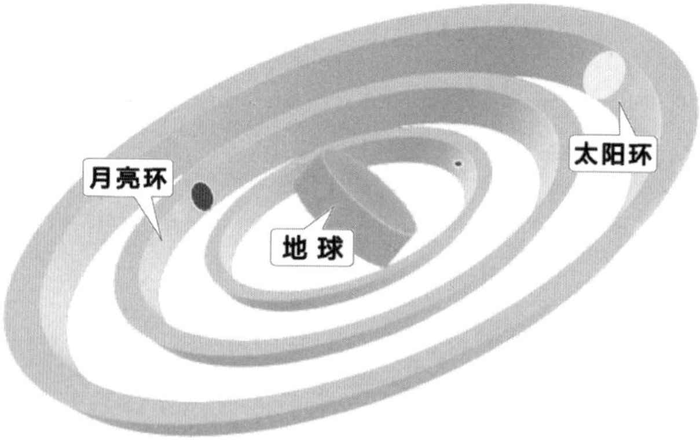

◁ 图 2.4

阿那克西曼德的宇宙模型

让大地“空悬”，跨越了人类自直立行走以来“苍天在上，大地在下”的生物性直觉。**霍金**在他无比畅销的《时间简史》开头就讲了英国哲学家罗素遭遇的一个故事。故事说，罗素正在向公众做现代宇宙学的讲座，提问阶段有一位老太太站起来说，年轻人你说的都是胡扯，地球实际上是被一只大乌龟驮着的。罗素很绅士地问道，那只乌龟又是谁驮着的？老太太说：“年轻人还挺聪明啊！我告诉你，那只乌龟下面还有一只乌龟，乌龟下面还有乌龟，就这么一直驮下去。”这个有点好笑的故事，实际上反映了未受过现代科学教育的人的通常看法。人们就是不能理解为什么在我们地球

>> **斯蒂芬·威廉·霍金（Stephen William Hawking，1942—2018）**

现代英国物理学家，广义相对论和宇宙论家，提出了黑洞蒸发理论和无边界的霍金宇宙模型，著有《时间简史》《果壳中的宇宙》等。

的背面还有人生活着，他们整天倒立着不难受吗？17 世纪西方传教士把西方的地圆思想传到中国，中国许多知识分子根本不能接受。直到今天，也很难说那些未受过现代科学教育的人真的理解。绝对上下的空间观念，作为人类直立行走以来的生物直觉，牢牢地控制了除希腊人之外的所有民族。阿那克西曼德让大地空悬在宇宙的中心，建立了世界历史上第一个极坐标，是划时代的。

他之所以能够让大地空悬在宇宙的中心，那是有一套理性的说法。首先，大地必须处在宇宙的中心，只有在“中心”，它才到“底”了。其次，宇宙要有“中心”，它就必须是一个“有限”的东西，无限的东西谈不上中心。有限的东西里面最美的形体是球体，所以，宇宙是一个球体结构。

亚里士多德还转述了阿那克西曼德的一个关于地球静止的论证。据他说，大地之所以静止，是因为它居于宇宙的中心。居于宇宙的中心，意味着它离宇宙球层上所有的天体都距离相等。离所有的天体都距离相等，那么大地向任何一个方向运动都没有根据。大地只能静止不动。这可能是充足理由律的最早表述和最早运用。

阿那克西曼德是理性宇宙论的第一个表述者，他把自古以来的“天上地下”改变为“天包地中”。他作出这样的改变并不是单纯基于经验观察，而是基于理性推论。

为什么要把天设想为一个球呢？那是因为日月星辰都在经历周期性的早上东升、晚上西落，将天设想成一个球，围绕大地转动，最好地解释了这种周日运动现象。但是，那些没有天球概念的文化，是如何解释这种周日运动现象的呢？

最典型的有这样两种方式：一种是各种各样的神话解

释，比如，埃及天神使日月星辰每日死而复生；二种是，根本不加解释，让它们保持在单纯的现象状态。

希腊的天球概念，实际上使日月星辰在表观的变化中保持了自身的同一性和不变性，也就是说，在它们从西方地平线消失到下一次东边地平线出现之间的时间里，它们并没有死去，而是继续存在，只不过不被我们看到而已。可见，将天设想成一个天球的背后，“预设”了天体的“永恒存在”。其他的文化，并不像希腊人这样，把天体看成是永恒不变的存在。

只有永恒不变的存在，才能保持其自身的同一性。拥有“自身”的“同一性”，这是一切“自然物”的真正本质。那些并不预设、并不寻求事物之“自己”的民族，就必然缺失“天球”概念。

如果天空是球状的，那处于天球中心的大地就无处可以“下”落了，因此，它虽然“悬浮”，但并不下落，这是与大地的“中心”“地位”逻辑相关的。大地静止，来自大地居“中”，而大地居“中”，来自天为“球体”；天为“球体”，因为天体“永恒”不灭。所有这些，都是理性推理。因此，也有人把阿那克西曼德而不是泰勒斯看成是科学思维方式第一人。

阿那克西曼德虽然已经有了天球和地心概念，但他还没有“地球”概念。他把大地看成一个鼓样的东西，人类生活在鼓的一个面上。这件事情说明了，他在处理大地问题时，那种绝对的上下观念还没有彻底清除干净。如果按照他在设想天球时的那种逻辑，大地也是一个球体才合适。

2.3 阿那克西米尼

—

阿那克西曼德的学生阿那克西米尼大约活跃在公元前545年左右，那正是波斯人攻陷萨迪斯的年代。据说他与30公里之隔的萨莫斯岛的毕达哥拉斯有书信来往，与毕氏应该是同辈人。作为米利都学派的第三代代表人物，他继续关注"始基"问题，也给出了与他的老师、老师的老师都不一样的答案：万物源于气。

>> 米利都学派的"始基"观

泰勒斯：
万物源于水，开创"自然哲学"传统。

阿那克西曼德：
万物源于"阿派让"，由具体事物转移到抽象概念。

阿那克西米尼：
万物源于气，提出事物的本质在于不变的同一性。

气是一个具体的物质，虽然说比水抽象一点，看不见也不容易摸着，但毕竟还是一种具体的可感知的物质，与阿那克西曼德的"阿派让"相比，抽象思维水平大大下降。哲学史家也经常对此感觉疑惑，因为按照通常的想法，后继者总应该比前人更"进步"，可是，泰勒斯提出了"水"，阿那克西米尼提出了"气"，而夹在他们两人之间的阿那克西曼德却提出了"阿派让"。一个可能的解释是，在那个时候的希腊人心目中，阿派让其实也是一个具体的物质。另一个可能的解释是，米利都学派可能并没有如此明确的师承相继关系，大家各抒己见而已。但是，最好的解释是，"气"已经涵盖容纳了"阿派让"的特点。气并不是一个特别容易直观到的东西，它寻常看不见，只有在运动中才能感觉到。它弥漫着，时而汇聚、时而消散，这种"无定形"恰恰既是"阿派让"也是"气"的共同特点。

阿那克西米尼留下了比前两位更多的残篇，因而把米利都学派的始基问题讲得更加清楚。首先，始基不再是单纯的时间在先的东西，还应该是事物的构成要素，既是时间上的，也是空间上的。其次，世界上的事物多种多样，但构成事物的基本要素或者说“始基”却是简单的。事物的多样性，可以还原到始基的单一性。事物的本质在于不变的同一性。这个同一性就是“气”。

气通过稀释和凝聚而成为不同的实体。当它稀薄的时候，成为火；当它浓密的时候，成为风，成为云，更浓密时成为水、土和石头。这是一个非常明确的还原论方案。现代科学的方法论基本上是还原论：宏观事物向微观还原、复杂事物向简单事物还原、质的东西向量的东西还原。阿那克西米尼是还原论方案的最早明确表述者。

在第一号残篇里，阿那克西米尼进一步提出事物构成的具体方案：“使物质集合和凝聚的是冷，使它稀释和松弛的是热”。他不仅提出了方案，还设计了一个实验。他说：“从人的嘴里既可以吐出热，也可以吐出冷。如果呼吸时压紧嘴唇，吐出的气就是冷的；放松嘴唇张开呼出的气就是热的。”这可能是人类历史上第一个科学的实验方案：它具有可操作性，它还具有可证伪性。

和阿派让一样，“气”既是事物所有构成的要素、元素，在事物构成之后仍然围绕在宇宙的周围。第二号残篇说：“正如我们的灵魂（psyche）是气，将我们结合起来，同样，呼吸（pneuma）和气（aer）也包围着整个宇宙。”以何种方式包围呢？不言而喻是球形的方式环绕着宇宙，因为宇宙必定是一个球体。这样看来，阿那克西米尼基本上继承了他老师的思想，而且在诉诸实验方面还往前迈出了一步。

根据后人的转述，阿那克西米尼的宇宙论的确是不如他的老师。首先，他又恢复了泰勒斯那种绝对上下的观念，让大地重回扁平的圆盘形状，浮在气上，让气支撑着大地。“大

>> 米利都学派的宇宙观

泰勒斯：“天上地下”，大地像船一样浮在水上。

阿那克西曼德：“天包地中”，天为球体，大地居中。

阿那克西米尼：“天上地下”，大地需要由气支撑。

地需要支撑”，这当然是从阿那克西曼德的重大倒退。在他的宇宙论中，日月星辰仍然围绕大地旋转，但旋转的方向不是东升西落，而是水平转动，日月星辰转到了高山后面，并不是下降到了大地的下面。天体如同镶嵌在一个毡帽上一样，毡帽绕着脑袋转动。这个模型是很落后、很错误的。

2.4 希腊科学的起源

把米利都学派定为希腊科学的开端，主要是沿袭亚里士多德的说法。一来，他是大思想家，讲话有分量；二来，他离希腊科学的开端处比较近，他掌握的那个时代的文献材料比我们多，更能做出准确的判断。

米利都是公元前 6—7 世纪希腊世界最强大的城邦，集中地代表了希腊城邦的精神气质。城邦的政治权力归于每一个自由民，国王和祭司均丧失了他们在东方专制国家中通常拥有的强大权力。国王名义上可能还存在，但没有发号施令的权力，有如橡皮图章。祭司人数很少，多是奴隶担任，毫无神圣权力。公民权利意识深入人心，个人的自由、城邦的独立，是希腊城邦基本的文化精神。科学就诞生在这样的文化土壤之中。只有“为自身的目的而存在”的“自由”民，才能谱写“为自身的目的而存在”的“科学”篇章。

米利都城邦地处欧亚非交界处，远受两河文明、埃及文明的影响，近受波斯、吕底亚势力的压迫，既有丰厚的文明传承，又有强烈的危机意识。亚里士多德说过，希腊人的地理位置非常微妙，它离两大古老文明不是太远，以至于能够

△ 图 2.5

米利都遗址。作者摄

受其影响，继承它们的知识遗产；又不是太近，以至于自己可以独辟蹊径，开辟新文明。米利都就是这种情况。可以推测，米利都学派三位学者都曾游历过埃及和两河地区，因为泰勒斯的几何学来自埃及的测地术，阿那克西曼德的日晷来自巴比伦地区。正如几何学是对测地术的改造和升级，希腊天文学也是对两河占星术的改造和升级。

古代米利都是一个港口城市，商业极其繁荣，来自世界各地的货物在这里中转交易，来自世界各地的奇闻逸事也在这里传播。米利都的开放为这里的居民打开了辽阔的知识视野。虽然米利都学派只有三位代表人物，但是可以想象追随他们的学生学者不计其数。可以肯定，他们的传世理论在当时就已经被广泛地讨论和争论，而这种自由的学术讨论氛围是这些争论的先决条件。

米利都三杰各自都提出了与自己的老师和前辈不一样的世界观，这在人类文明史上是划时代的。传统的知识阶层以传承和捍卫传统知识为使命，拒绝任何对既有知识的“离经叛道”行为。我们中国人最清楚这一点。中国古人做学问都只能以“注经”的方式进行，对前人明显的错误也需要“为尊者讳、为贤者讳”。

亚里士多德提出了自由科学的两大条件：一是所谓“悠闲出智慧”，二是所谓“好奇心”。希腊人天性好奇，是世界诸多民族中的最具“儿童气质”的民族。其他古老的民族，像古埃及、古巴比伦、古中国人，都已经对世界诸相“见怪不怪”。亚里士多德说：“不论现在，还是最初，人都是由于好奇而开始哲学思考。开始是对身边所不懂的东西感到奇怪，继而逐步前进，而对更重大的事情产生疑问，例如关于月象的变化，关于太阳和星辰的变化，以及关于万物的生成。一个感到疑难和好奇的人，便觉得自己无知（所以，在这种意义上，一个爱智慧的人也就是爱奥秘的人，奥秘由奇异构成）。如若人们为了摆脱无知而进行哲学思考，那么，很显然他们是为了知而追求知识，并不以某种实用为目的。”

这样的好奇心只有在悠闲状态才有可能出现。一个人如果整天挣扎在饥饿线上，为温饱而奋斗，那他是谈不上“为求知而求知”的。还是亚里士多德讲得好：“只有在全部生活必需都已具备的时候，在那些人们有了闲暇的地方，那些既不提供快乐、也不以满足必需为目的的科学才首先被发现。”希腊城邦时代，自由民的农业生产和家务劳动都由奴隶承担，自由民基本上都处在闲暇状态。米利都城邦通过商业积累了巨量的财富，那些家境殷实的子弟们就有条件追求纯粹的知识。

爱因斯坦后来提出了三种学术自由：一是免于贫困的自

由，二是免于恐惧的自由，三是内心的自由。

第一种自由大致相当于亚里士多德所说的“悠闲”，也就是说，社会不能让一个学者整天为生计而奔波，那样的话，就出不来“自由的”学术。我们国家的某些科研机构一度对学者和科学家们采取“饥饿疗法”，不发足工资，让他们自己到处去找课题经费来补充工资、养家糊口。这个做法，只能培养出一批“奴隶科学家”，而培养不出“自由的科学家”。

第二种自由就是我们常说的“言论自由”，就是学者们之间可以自由地开展批判、辩论，不因为发表反对意见而招致麻烦甚至人身迫害。这一点在我们中国始终是一个问题。且不论发表政治言论需要格外的慎重，就是普通的学术讨论，学者们似乎也不习惯接受同行们的批评性意见。中国学者总觉得你批评我的学术观点，不可能只是单纯地就“学术”论“学术”，一定是在攻击我、不尊重我，所以，在中国学术界，评论者表扬、吹捧居多，批评性意见则轻描淡写。这种学术风气直到今天还在中国学术界盛行。有意思的是，爱因斯坦所说的这第二种自由，亚里士多德根本没有提到，为什么呢？大概亚里士多德根本想不到这种自由还需要单独拿出来说。在他生活的城邦文明里，言论自由早就是默认的、理所当然的，是每一个城邦人民都觉得很自然的事情。米利都学派各自提出与老师和前人不一样的说法，并且因此而青史留名，这只有在一个言论自由的文化环境下才有可能。

第三种自由大体对应于亚里士多德所说的“好奇”。吃饱了饭闲着，你也可自由地发表各种言论，可是，你若是对世界没有好奇，也诞生不了自由的科学。我们中国人对周边的人际关系有较多的好奇，对整个世界，对离我们比较遥远的东西，对与日常生活关联不大的东西，就缺少好奇。我们的实用心、功利心，妨碍了科学的出现。

以米利都学派为标志，希腊科学主要集中在三大领域：天文学、几何学和自然哲学。天文学来源于巴比伦的占星术但超越了占星术，几何学来源于埃及的测地术但超越了测地术，而自然哲学完全是希腊人的独特创造。

今天被我们称之为“自然”“自然界”“自然物”的东西，全都是希腊人的“发明”或“发现”。在希腊科学诞生之前或希腊科学文明之外，“太阳”不是我们今天理解的太阳。在埃及，它是阿蒙-拉神，它驾着它的小船在天河上驰骋。在希腊神话中，它是赫利俄斯（Helios）神。在中国文化中，它是至高无上的统治者，上古时代，“帝”“皇”都是太阳的意思。所谓“天无二日，民无二王”。只有米利都人阿那克萨哥拉最先说出“太阳是一块火热的大石头”。从此，一种称为科学的思维方式认为，太阳就是太阳“自身”，不是什么其他东西的“替身”“象征”。科学世界观的最显著特征是摆脱了神话世界观，但是，本质上，是确认了事物有其自身的逻辑。

发明了“自然”就是发明了“科学”的思维方式，谈论事物的“自然”就是科学地谈论事物。前苏格拉底哲学家多数都写过标题为《论自然》的著作，这并不是说，他们在自然现象和社会现象之间优先考虑自然现象，而是说，他们是最早一批将事物（无论是今天人们所说的自然物还是社会现象）看成是有“自身”的人。他们是最早的一批科学家。

第 3 章

毕达哥拉斯学派：数即万物

米利都西北 30 公里，隔海相望就是萨莫斯岛。那也是爱奥尼亚十二城邦之一。毕达哥拉斯就出生在这里。他活跃的年代和阿那克西米尼差不多，也许年轻一些。有记载说他见过泰勒斯。泰氏当时年事已高，让他向自己的学生阿那克西曼德问学，还建议他到埃及去游学。

在毕达哥拉斯出生和活跃的时候，萨莫斯也是一个繁荣的城邦。那里的僭主波吕克拉底（Polycrates）治国有方，在任期间完成了三大传世工程。其一是欧帕利诺隧道。城邦人口越来越多，饮水成为问题。波吕克拉底聘请麦加达（雅典西边的城邦）的著名工程师欧帕利诺（Eupalinos）来此修建一个引水渠道，将山那边的泉水引到城里来。欧帕利诺在卡斯特罗（Kastro）山的两头同时开挖，结果在山腹中间相会时相差无几，体现出高超的测量水平与施工水平。这个隧道仍然健在，每年旅游旺季开放。

▽ 图 3.1

欧帕利诺隧道口。作者摄

△ 图 3.2

萨莫斯海港。作者摄

第二大工程是聘请建筑家罗卡斯（Rhoecus）修建了古代世界最大的赫拉神庙。这个神庙如今只剩下了地基遗址，游客难以想象当年的宏伟气象。第三大工程是海港防波堤。防波堤的地基还可以在海底看到。

萨莫斯岛地理位置优越，风光迷人，在毕达哥拉斯之前和之后出现了不少名人：哲学家有巴门尼德学派的传人麦里梭（Melissus，公元前 5 世纪）、原子论者伊壁鸠鲁（Epicurus，公元前 341—公元前 270 年），天文学家有古代世界的哥白尼、日心说的古代倡导者阿里斯塔克（Aristarchus，公元前 310—公元前 230 年）。此外，据传寓言家伊索在萨莫斯做奴隶，因其机智、聪明而获得自由。历史学家希罗多德（Herodotus，公元前 484 年—公元前 425 年）在旅居萨莫斯期间写作出了他的传世作品《历史》，成为西方世界的历史学之父。

毕达哥拉斯听从泰勒斯的教诲，在埃及游历多年。据说，他在埃及做过僧侣，对埃及的文字和宗教非常熟悉。从埃及回来之后，他与僭主波吕克拉底不和，大约在公元前530年移居南意大利的克罗敦（Croton，如今叫克罗托内Crotone），开始在那里收徒讲学。史家通常把这一年定为他的鼎盛年（40岁）。所谓毕达哥拉斯学派，主要指的是他在南意大利发展出来的学说和追随者。萨莫斯只是他的诞生地，但是，这里和米利都一样人文鼎盛，否则产生不了毕达哥拉斯这样的文化伟人。据说，僭主波吕克拉底已经拥有私人藏书，这在当时绝对是先锋文化时尚。

△ 图 3.3

萨莫斯的毕达哥拉斯塑像。作者摄

3.1 学派

毕达哥拉斯来到了意大利南部的克罗敦，受到了那里人民的热烈欢迎。这表明，可能在到南意大利之前，毕达哥拉斯已经获得了在全希腊世界的良好学术声誉。他在克罗敦很快创出了一番事业，组建了一个集宗教、政治和学术三种功能于一体的社会组织，成员据说达到600人。因为主张男女平等，成员中有许多女性成员。

毕达哥拉斯的教派有政治功能。他的追随者以贵族居多，本来就是城邦有影响力的政治人物。他们在毕达哥拉斯的指导下管理城邦，据说成为古代许多希腊城邦的典范。在他到来之前，克罗敦曾被邻邦击败，处在持续的衰落之中。**他来了之后，克罗敦一跃成为南意大利地区最强大的城邦。**

>> 由于染指政治，该教派就有政敌。据说，有些克罗敦人害怕毕达哥拉斯本人会成为僭主，于是攻击他本人和他的门徒，并且杀死了他。也有传说，他们被敌人火攻，将房子点着了。他们本来可以从后门逃跑，但不幸的是，后门外是一片豆子地，而他们教派的教义是不得践踏圆的东西，结果全被烧死。

关于毕达哥拉斯的生平基本上没有可靠的历史证据，一方面固然是因为时间离我们太久了，另一方面则是因为他们教派的神秘性质。就是在当时，人们关于这位大师的生平和学说也不是很了解，因为他们的教规严格规定，教主和教内事情不得外传。那些被归属于他们的学术成就，也无法确定到底是他本人还是他的门徒们做出来的。

毕达哥拉斯及其生前的追随者被称为早期毕达哥拉斯学派，活动年代大约在公元前 550 年至公元前 450 年之间，其成员的生平事迹及思想理论均无法确定。在亚里士多德的著作中，这些人已经被笼统地称为“毕达哥拉斯学派的哲学家们”。

毕达哥拉斯去世之后，他的思想继续在南意大利地区传播。从公元前 5 世纪末到公元前 4 世纪前半叶，出现了不少思想和名气都很有影响的毕达哥拉斯学派学者，比如天文学家菲罗劳斯（Philolaus，约公元前 470 年—约公元前 385 年）、**阿尔基塔**（Archytas，公元前 428 年—公元前 347 年）。这两人深刻地影响了柏拉图的思想。

>> **阿尔基塔**

古希腊哲学家、政治家、数学家，连续 7 次当选为统帅，强调平等，主张富人和穷人缔结契约；系统地整理几何定理；还被认为是力学奠基人，用机械工具来证明几何原理。主要著作有《数学》《谐音学》《力学》等。

在菲罗劳斯之前，毕达哥拉斯学派的学说秘不外传，外人实际上无从得知他们的主张究竟是什么。菲罗劳斯本人公开发表了三本著作，使时人和后人得以了解毕氏学派的理论学说。有文献记载说，柏拉图曾经自己或者托人买到了菲罗劳斯的这三本书。有作者说，柏拉图《斐多篇》中关于灵魂不朽的思想实际上得自菲罗劳斯；还有据说是亚里士多德的学生讲的，柏拉图《蒂迈欧篇》也是抄袭自菲罗劳斯。可见菲罗劳斯对柏拉图的影响是很大的。

有文献记载说，柏拉图与阿尔基塔有通信，甚至面见过。阿尔基塔是塔任同（Tarentum）城邦卓越的政治家和军事家，擅长将数学知识用于军事作战，或许可称为古代的阿基米德。柏拉图访问西西里遇到困难的时候，都是阿尔基塔运用自己的影响力搭救他。

正是通过柏拉图这位伟大的思想家，毕达哥拉斯主义对西方世界产生了巨大的影响。

3.2 追求永恒不变

影响古典时代希腊人民精神生活的主要是奥林波斯神话。这些神话培养了希腊人民天真烂漫的个性和对世界的好奇心，但是，它们并不是唯一的精神资源。除奥林波斯神话外，在南意大利地区还流行奥菲斯宗教。由于史料方面的欠缺，我们很难说奥菲斯教与毕达哥拉斯学派孰先孰后。有人认为，奥菲斯教在南意大利流行在先，毕达哥拉斯使之发扬光大，影响深远。也有人认为是毕达哥拉斯学派传播了奥菲斯教派。无论如何，它们在教义上的确有许多相同之处。

奥菲斯宗教主张灵魂不朽、轮回转世、通过神秘入教仪式使灵魂得到拯救。这些想法有可能来自埃及，也有可能是毕氏从埃及带过来的。事实上，无论如何，两者在教义上类同。据传说，毕达哥拉斯路遇一狗遭到痛打，他充满怜悯地对打狗者说："不要打它，它是我一个朋友灵魂的转世。"

奥菲斯教和毕氏教派强调灵魂不朽，追求永生，以神秘宗教的方式，实际上强化了追求永恒的思想。而这，极大地影响并决定了西方科学的发展道路。

世界充满了变化。我们东方民族对此不仅习以为常，以变化为宇宙间的常态，而且拥抱变化，以变化为积极的动力。每遇困境，但想到变化常在，就觉得有机会“时来运转”：“三十年河东，三十年河西，风水轮流转，今年到我家”。我们并不觉得变化是一个需要解释，或者需要回避的事情，相反，面对变化，泰然自若。我们中华文化的“群经之首”《易经》讲述的就是变化之道。

然而，“变化”在古代希腊成为一个“问题”。

>> 古代中国：“变化”是一种“常态”。
古代希腊：“变化”是一个“问题”。

米利都学派提出“始基”问题，将世界上的万事万物，都归结为“水”、“阿派让”和“气”这种单一的基质，是力图将“多”还原到“一”。这里，“变化”尚未被突出出来、专题化成为一个问题。但逻辑上，一与多问题、变与不变问题是内在相通的：“一”就是在“多”的更替中保持不变者。

最早将“变化”突出出来的，是在以弗所（Ephesus）出生的赫拉克利特（Heraclitus，约公元前535—约公元前

▽ **图 3.4**

以弗所遗址。作者摄

475)。以弗所也是爱奥尼亚十二城邦之一，在米利都的北面 40 公里处，后来成为罗马在小亚细亚的省会城市，一度非常繁荣。今日遗址上的罗马建筑之断墙残壁，仍然高大精细，令人震惊。赫拉克利特的名言是“一切皆变、无物常住”“人不能两次踏进同一条河流”，但是，他也继续回答始基问题，把“火”看成是万物的始基。作为始基，“火”是“永恒的活火”。因此，我们看到，“变化”问题和“永恒”问题是同时出现的。你充分意识到这个世界在“变化”的时候，也就是你同时意识到“变化”背后有“不变者”的时候。

>> 赫拉克利特的“始基”观

万物源于“火”，同时体现“变化”和“永恒”。

如果说赫拉克利特突出地提出了“变化”问题，那么毕达哥拉斯就突出地提出了“永恒”问题。

相信“肉体可以死亡，灵魂却不灭”，这意味着“灵魂”是某种可以脱离肉体而独立存在，并且不因肉体的死亡而消失的东西。灵魂意味着“永恒”。什么是“灵魂”呢？古代的作家有不同的说法。有说是某种“气”（pneuma），这个说法当然并不十分新奇。米利都学派也有类似的说法。比较新奇的是，传说毕氏学派主张“灵魂”是某种“比例”和“和谐”。肉体会消灭，而肉体的“比例”或“和谐”，却可以独立于肉身而获得“永恒”，这是毕达哥拉斯学派独特的思想。

提出了“永恒”问题，并且指出“永恒”在于“比例”和“和谐”，这就把追求永恒之路落实到了追求“比例”和“和谐”，而这就是“数学”的工作。

3.3 数学

什么是“数学”？这不能从我们今天熟悉的数学概念来理解，而应该从这个词的原始含义，从古代希腊人使用这个词的方式来理解。现代汉语的“数学”一词来自对英文mathematics的翻译。这个词在19世纪第二次西学东渐的时候，被当时的著名数学家**李善兰**译成“算学”，一个中国古已有之的学问名称。后来留日学者带回了“数学”这个日译名词。“数学”还是“算学”一直争执不下。相关系科，在北大称“数学系”，在清华称“算学系”。直到1939年，中华民国教育部根据各地学校使用相关术语的实际情况，裁定全国统一译成“数学”，一直沿用至今。总之，这是一个外来术语。西来术语需要从其西方语境中理解。

>> **李善兰（1811—1882）**

中国近代著名的数学家、天文学家、力学家和植物学家，14岁靠自学读懂了欧几里得《几何原本》前六卷，创立了二次平方根的幂级数展开式，研究各种三角函数、反三角函数和对数函数的幂级数展开式。

Mathematics来自希腊文μάθημα (mathema)，原来的意思是“能够学习的东西”，而mathematikoi意思就是“教学者”(教师)。这个词最早的使用者就是毕达哥拉斯学派，他们正是在“能学能教的东西”意义上使用“数学”这个词的。

什么东西是能学能教的呢？当然是你自己本来就明白的东西。可是，如果你本来就明白的话，为什么还需要学呢？这就是当年雅典的智者们经常提的逻辑难题。柏拉图对此做了一个经典的回答：我们当然只能学习那些我们本来就懂的东西，我们之所以还需要学习，原因就在于，我们本来是懂的，但后来给忘了。学习就是“回忆”。

于是，学习“数学”便是“认识自己”。我们人类向来是以这样的方式存在着：遗忘。我们的感觉器官每时每刻都会从外部世界接受海量的信息，我们的大脑必须有一个过滤和抑制机制，否则这海量的信息会把人逼疯——事实上，疯人就是抑制机制失效造成的。在社会层面上也需要某种“遗忘”，因为“文明”来源于“压抑”。

虽然人类无往不在“遗忘”之中，但这种“遗忘”却不能被“遗忘”。最大的“遗忘”就是那些“理所当然”的东西，而重新唤起对那些理所当然的东西的“回忆”就是“学习”。一切真正的学习，都是在重新发现那些一向支配着我们思想和行为的东西，那就是“理性”。“学习”就是恢复理性。数学作为这种意义上的“学习”，就是“理性科学”。

>> 数学四个分支的关系

算术 & 音乐：研究“数”的“多少”。

几何 & 天文：研究“量”的“大小”。

根据普罗克洛（Proclus，410—485）在《欧几里得几何原理注释》中的说法，毕达哥拉斯学派把数学分成四个分支：算术、几何、音乐、天文。其中算术与音乐是一对，研究对象是“数”的“多少”；几何和天文是另一对，研究对象是“量”的“大小”。“多少”是 multitude，是不连续的；“大小”是 magnitude，是连续的。算术研究绝对的不连续量，音乐研究相对的不连续量；几何研究静止的连续量，天文研究运动的连续量。数学四科（Quadrivium）的说法，以及将数学四科与文科三艺（逻辑、文法、修辞）合称“自由七艺”（seven liberal arts）直到波依修斯（Boethius，477—524）才正式确立，但数学四分支早在毕达哥拉斯学派就确定下来了。

把“音乐”看成是数学学科，让现代人有点诧异。这有两个原因，一个原因是，在现代的学术分类里，音乐属于艺术，属于文科，而数学是理科，分类十分遥远；另一个原因是，现代人忘记了“音乐”的伦理和哲学含义，都以为只是一种“趣味”或“品味”。“科学”和“艺术”的清晰划分是18世纪之后的事情，之前在西方世界，今天被我们称为艺术的东西和被我们称为科学的东西，都被称为“艺”（arts）。比如罗马人提到的“自由七艺”，中世纪把纺织、军事装备、航海、农艺、狩猎、医学、戏剧合称为“机械七艺”，17世纪法国学者查尔斯·佩罗（Charles Perrault，1628—1703）把修辞、诗歌、音乐、建筑、绘画、雕塑、光学、力学合称为“美术八艺”（fine arts）。

在西方文化史上，音乐一直列于高贵艺术之列，更主要的原因在于，从一开始起，人们就意识到音乐具有净化灵魂的作用。经过了浪漫主义运动之后，西方的音乐更多给人激情洋溢的印象。其实，在大多数历史时期，无论是西方还是中国，音乐的功能更多是陶冶性情、培育德性、敦风化俗。问题在于，音乐何以会有这些功能？毕达哥拉斯学派认为，音乐关注的是“比例”和“和谐”问题，而“比例”和“和谐”正是“灵魂”之所以为“灵魂”的根本。

毕达哥拉斯学派已经发现，乐音的音高与弦乐器的弦长直接相关，两个乐音是否能够“和谐”也与两个弦长是否成某种“比例”有关。两弦长度比2∶1时，便发出八度和声；3∶2时，发五度和声；4∶3时发四度和声。因此，音乐学实际上是某种“应用算术”，或者说，“算术”和“音乐”是关于“比例”和“和谐”的两个相关学科。

▽ 图3.5

《雅典学园》局部

在文艺复兴时期拉斐尔的名画《雅典学园》里，毕达哥拉斯也占有一席之地。他是左下方那个四人组的核心人物。他自己在一本书上写字，他左前方的青年拿着一块黑板，黑板上方画的是2∶1、3∶2和4∶3三种比例对应的三种和声，下方则画的是作为三角数的 10 的几何构成。

3.4 从数秘术到算术

把数学第一科 Arithmetic 译成“算术”也容易“顾名思义”地误解成“计算之术”，事实上，希腊的算术根本就不“算”。

>>《九章算术》

《算经十书》中最重要的一部，一般认为是经历代各家的增补修订而逐渐成为现今定本的。西汉的张苍、耿寿昌曾经做过增补和整理，成书最迟在东汉前期，是当时世界上最简练有效的应用数学，标志着中国古代数学形成了完整的体系。

中国传统算学的经典是**《九章算术》**。该书共分九章，分别处理九类问题。第一章《方田》，38 题，处理田地面积的计算问题。第二章《粟米》，46 题，处理不同品级粮食的折换问题。第三章《衰分》，20 题，处理递减比例分配问题。第四章《少广》，24 题，处理由面积反求边长问题。第五章《商功》，28 题，计算工程土方。第六章《均输》，28 题，处理摊派徭役问题。第七章《盈不足》，20 题，以盈余与不足为条件求解。第八章《方程》，18 题，带有正负数的复杂计算问题。第九章《勾股》，24 题，直角三角形的边长测算。可以看出，中国传统算学主要着眼于解决实际应用问题，并且按照应用场合和应用类型来对“计算之术”进行分类，表达了古代算术高度的“外部化”特征。它本身并不是一个独立的知识门类。中国古代也没有专业的算学家。

如此看来，把 Arithmetic 译成“算术”，特别容易被误解成我们熟悉的中国传统算学。

Arithmetic 来自希腊文 ἀριθμός，arithmos 和 tike 之合成，其中 tike 是 techne 之字根，是“艺”的意思，而 arithmos 就是“数”的意思。合起来，这个词在希腊文的意思是“数艺”，大体相当于我们今天所说的“数论”（number theory）。“数”有什么好“论”的？说起来，学问可就大了。

自远古以来，人类就存有普遍的数字神秘主义（numberology）和数字崇拜现象。我们中国人现在还经常讲“好事成双”“六六大顺”，显然是认为偶数和 6 代表吉祥。如此崇拜的原因已经不可考。在古代希腊也曾经流行过一种字数术（Gematria）。古希腊人的数字不是我们今天使用的阿拉伯数字符号，而就是希腊字母本身。希腊文本来只有 24 个字母，增加三个废弃的字母，凑成 27 个字母。将它们分为三组，第一组表示 1—9，第二组表示 10—90，第三组表示 100—900。这样一来，每个希腊单词，其实也代表了一个数字。比如，《荷马史诗》中三位英雄帕特罗克罗斯（Patroclus）、赫克托尔（Hector）和阿基里斯（Achilles）的名字分别代表 87、1225 和 1276。按照字数术，1276 大于 1225，1225 大于 87，因此，**赫克托尔杀死了帕特罗克罗斯，阿基里斯又杀死了赫克托尔**，就顺理成章了。

>> 如图所示

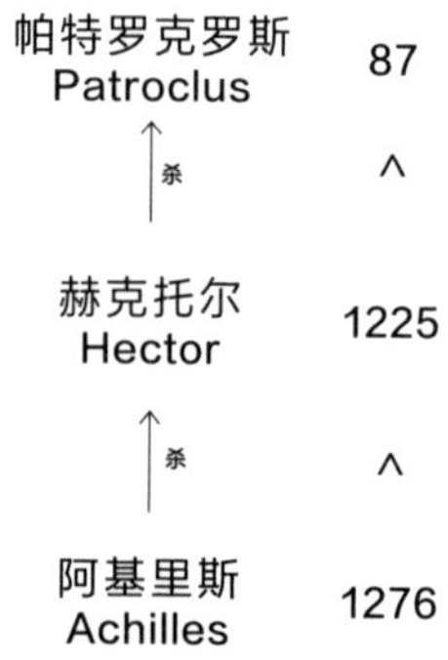

毫无问题，毕达哥拉斯学派继承了这种古老的数字神秘术，而且将之系统化、精致化。

他们先把数分成奇数和偶然两大类，并且认为奇数是积极的、正面的，相当于我们中国的“阳”，偶数是消极的、负面的，相当于我们的“阴”。1 是万物之始，是积极的“形式”；2 是运动，是消极的“质料”；3 包含了开始、中间和结尾，是整体，是宇宙之数；4 是公平、正义，是第一个平方数，是创造的源泉。

谐音有四种：4∶3，3∶2，2∶1，4∶1。元素有四个：土水气火。空间有四维：点线面体。社会有四级：人、村

▷ 图 3.6

三角形数和平方数

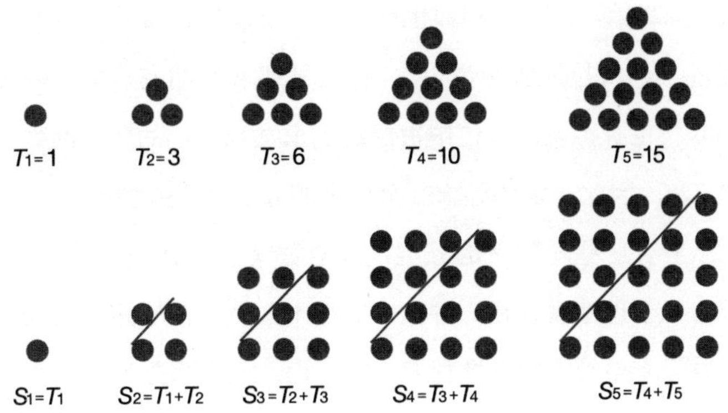

庄、城市、国家。人生有四段：幼年、青年、成年、老年。认知有四步：感觉、意见、知识、理性。4 直接通往 10，因为第四级三角数就是 10：第一级是 1，第二级是 3，第三级是 6，第四级是 10。三角数就是组成等腰三角形的点的数目。

毕氏学派已经发现，任何一级三角数与它前一级三角数之和，正好等于一个平方数。其原理今天看来十分简单，但他们做出此发现，一定以为自己更多洞悉了数的奥秘。

>> **毕氏学派对数字的分类**

奇数：积极正面的，相当于“阳”，如 1、3。

偶数：消极负面的，相当于“阴”，如 2、4。

盈数：一个数的因子之和大于这个数，如 12。

亏数：一个数的因子之和小于这个数，如 10。

完全数：一个数的因子之和等于这个数，如 6、28。

亲和数：如果其中一个数的因子之和等于另一个数，而另一个数的因子之和等于这个数，则称这两个数为亲和数，如 220 和 284。

除了三角数和平方数，他们还按照一个数的因子之和是大于、小于还是等于这个数进行分类。大于者称为盈数（abundant number），比如 12 的因子之和 16（1+2+3+4+6），是盈数。小于者称为亏数（deficient number），比如 10 的因子之和 8（1+2+5），是亏数。等于者是完全数（perfect number），比如 6 和 28。这两个完全数在希伯来文化中也有特殊的含义。上帝创世花了 6 天，28 天则是月亮的运行周期。

与之相关还有**“亲和数”**（amicable numbers）。所谓亲和数是指两个数，其中一个数的因子之和等于另一个数，而另一个数的因子之和等于这个数。希腊人知道的唯一一个亲和数是 220 和 284。亲和数也被称为“友谊数”或“爱情数”。据说毕达哥拉斯曾经说过：“什么是朋友？朋友有如 220 和 284。”也有传说，一位中世纪的国王发现自己的名字的数字是 220，因此一定要寻求一个名字的数字是 284 的新娘。

所有这些对数字的分类以及对数字之内在关系的追寻，都可以合理地看成是一种数字神秘术，然而，毕达哥拉斯学派并没有单纯停留在数秘术这个层面，而是将之发展成为一种独立的数学门类“算术”。希腊算术是现代数学中“数论”这一支的直接先驱。比如完全数是否一定是偶数？如果是偶数的话，尾数是否一定是 6 或者 8？完全数有通项公式吗？这都是留给现代数论非常有意思的问题。

思考这些纯粹数字之内在关系究竟意义何在？是什么驱使他们把智力消耗在这些或许是无聊的问题之上？当然首先是受数字神秘主义的宗教之驱使。**毕达哥拉斯学派**正是基于数字神秘主义提出“数是万物的本原”的思想。

>> 毕达哥拉斯学派“始基”观

“数是万物的本原”，即“万物皆数”“数即万物”。

数超越了感性世界，直通非感性的理性世界。感性世界中的事物都处在持续的变化之中，而数最显著地体现了理性事物之“不变性”。不朽的灵魂也可能通过“数论”（算术）的学习而得以净化。

3.5 几何

今天我们把数看成是某种抽象的东西，这是近代科学革命之后的事情。在古代希腊，数并不具备今日人们习以为常的抽象性，相反，数也是具体的。古代罗马时代的作家恩披里柯（Sextus Empiricus，公元前160—公元前210年）在著作中转述说，毕达哥拉斯学派习惯以几何的方式来表达数，认为点是1，线是2，平面三角形是3，正四面体是4。正因为线是由点构成的，线的长度就是它所包含的点的数目，任何两条线长度之比也就是它们所包含的点的数目之比。因此，当毕氏学派提出“万物皆数”“数即万物”的时候，的确是认为每一条线都是一个数，每两条线之比都是两个数之比。在他们这里，几何与算术并无明显区分。

在所有三角形中，毕达哥拉斯学派独独青睐直角三角形，称之为“黄金三角形”，因各边之比是3∶4∶5。这类三角形有多少呢？后来他们发现5∶12∶13，8∶15∶17也是这类三角形。这种算术上的研究导出了一个著名的几何发现，即今天我们称为毕达哥拉斯定理（我们中国称为勾股定理）的等式：任何一个直角三角形的直角边的平方之和等于斜边的平方。该学派是否一开始就通过演绎推理得出这个结论，我们无法确定，但是，希腊古典时期的数学家肯定是以演绎的态度对待这个几何定理。欧几里得的《几何原本》里给出了该定理的一种证明。此后两千多年，发展出了数百种证明方法，成为初等几何学最引人入胜的问题。

毕氏定理马上引发了一个惊人的发现，那就是，一个等腰的直角三角形的斜边与直角边之间无法公度，用现在通俗的话说就是，$\sqrt{2}$不能写成两个数的比例，成了一个“无理数”（irrational number）。“无理”的希腊文原文是alogon，由logon和否定前缀a组成。Logon有双重意思，一是“成比例的”，二是“可说的”。徐光启和利玛窦当初把它译成“理”，用的是古汉语的“可比”的意思。这个译法传到日本，被日本人延用。20世纪初又传回中国。把$\sqrt{2}$说成是“无理数”，不是说它“没有道理”，而是说它“不可公度”，不能写成两个整数之比。或许把 irrational number 译成“无比数”更好。

至于说到“不可说”这层意思，就牵扯到关于$\sqrt{2}$的一个历史传说。据说该学派发现了$\sqrt{2}$的“无理”性质之后，决定保守这个秘密，不可外传。但是，学派中有一位叫作希帕索斯（Hippasus of Metapontum）的成员向外透露了这个秘密，结果遭到同伙们的惩罚：他被同伙们扔到海里喂鱼了。

$\sqrt{2}$的发现是对毕达哥拉斯学派的基本教义“万物皆数”的毁灭性打击：算术并不能统摄几何、数并不能统治宇宙，这引发了西方数学的第一次危机。作为这个危机的后果，希腊算术开始衰落，而几何学登上舞台，成为数学的主科。

3.6 宇宙

—

毕氏学派把数学分成算术、几何、音乐和天文四门的时候，充分意识到“数”对于它们的统帅作用，发现“比例”和“和谐”是这四门学科的共同任务。在天文方面，第一次发现并明确提出 cosmos 概念，是他们的伟大贡献。

Cosmos 这个词的原义是“秩序”，与 chaos（混沌）相对立。毕达哥拉斯学派最早用这个词指称“宇宙”，也就是说，他们最早把“宇宙”看成是一个“和谐”、有“比例”的整体。这是一个伟大的思想。说整个宇宙是一个 cosmos，意味着这个“至大无外”的东西是可以被“度量”的，是可以通过数学的方式描述出来的，是有比例的。没有这个决定性的思想跳跃，就不会有科学的宇宙论和天文学。

我们中国古人敬天畏天，并不认为我们能够以明确的方式将天的行为方式刻画出来。由于中国人比较强调天作为一个超常的有情感的人格化实体，能够“通情”，并且“通情”往往高于“达理”，因此，我们没有足够的动机去探索宇宙的“规律”。中国的天文观测虽然发达，但我们始终缺乏宇宙的几何模型。我们虽然也做日月五星的运行预测，但如果预测不准也并不特别在意，以为“天意如此”“天机难测”。

Cosmos 的观念首先体现在两球模型中。所谓两球模型指的是，把宇宙整体构想成天球套地球的模式。把天想象成层层相套的天球，是一个伟大的想象，虽然从今天角度看，这是一个错误：天上并无“天球”。但是正如海德格尔所说，

▷ **图 3.7**

两球宇宙模式：天球套地球

任何伟大之道路，都注定是一个“伟大的错误”。如果没有“天球”的概念，就没有希腊的天文学，就没有哥白尼革命，就没有哥白尼革命之后的牛顿革命，也就没有现代科学。问题不在于从今天的眼光看，“天球”概念是不是正确，而在于这个概念曾经引发了哪些问题、激励了哪些研究活动。

由于有了天球概念，有了天球套大地的概念，地球概念也因此而确立。把大地设想成一个圆球，需要综合的理性思维能力。在20世纪人类克服万有引力飞离地面之前，没有任何人真正见过地球的整体形状。在此2500年前，古希腊人就能有“地球”概念可能有如下原因：

其一，航海民族容易见识到海平面其实是弯曲的。在空气清朗的时候，人们可以发现远去的船只最早消失的是甲板，而桅杆和帆最后消失，这意味着海平面并不真的是个平面。如果真的是平的话，它们应该永不消失。

其二，月蚀时月面上的阴影是一个弧线，如果月蚀是因为地遮蔽了太阳光的话，那么大地整体上就应该是一个球体。

其三，如果大地处在宇宙的中心，那么最合适的形状就是球状，因为“有心”宇宙倾向于使所有的物体围绕中心均匀分布，天球如此，大地也应该如此。

无论是哪些原因，到了柏拉图的时代，视大地为圆球是希腊学者的公论。毕达哥拉斯学派在塑造天球和地球概念上，居功至伟。

早期毕氏学派并不都持地心说。影响比较广泛的一个宇宙模型认为，居于宇宙中心的是一团大火，所有天球都绕中心火转动。当时知道的恒星和行星共有9个天球：恒星天、

▷ 图 3.8

中心火模型

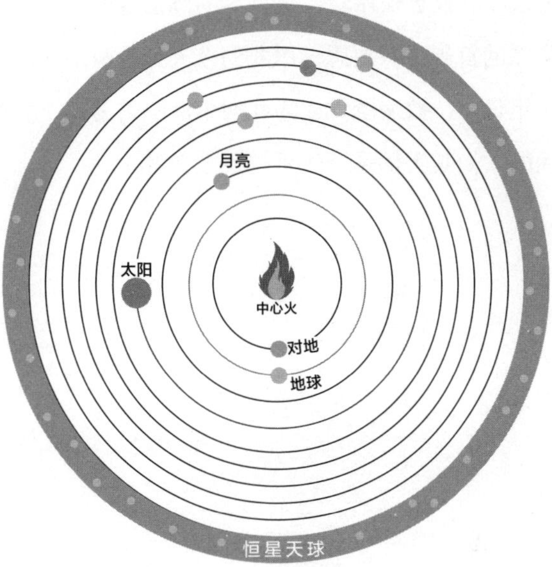

土星天、木星天、火星天、金星天、水星天、太阳天、月亮天、地球天。毕氏学派觉得 10 才是符合宇宙整体的数字，所以人为设想了一个天体叫作“对地”，将天球数目变成 10 个。所谓对地，就是地球的镜像，而且隐蔽在中心火的那一头，永远不为我们所见。

毕氏学派把“比例”和“和谐”的思想贯穿到算术、几何、音乐和天文的各个子科中。在他们看来，天文学其实就是研究天体的音乐。天球以不同的速度均匀转动，如同乐器发出不同的声音，这不同的声音应该是和谐的、成比例的，因此，诸天球应该以某种成比例的方式运动。这是毕达哥拉斯主义特有的宇宙信念。正是这个强烈的信念支配着开普勒在两千多年后发现了行星运动的三定律。开普勒的著作通篇是五线谱，行星运动三定律完全是通过乐谱谱写出来的。

把世界的数学秩序看成是世界的真正规律，这是毕达哥拉斯学派的首创。只要想一想我们今天身处数字化时代，大数据、定量化、数字统计成为我们生活中的常态，我们就知道今天的人们其实都是毕达哥拉斯主义者。

第 4 章
柏拉图学园：不懂几何者不得入内

公元前6世纪后期到公元前5世纪初期，随着波斯势力的西扩，希腊世界的文化重心逐步由小亚细亚向本土回归。公元前500年左右，波斯在征服了小亚细亚希腊殖民地的基础上，向希腊本土发起进攻。公元前490年，雅典重装步兵在马拉松大败波斯军队；十年后，雅典海军又在萨拉米斯海湾大败波斯海军，取得了希波战争的决定性胜利。雅典因为在希波战争中的出色表现，赢得了希腊世界最大的同盟提洛同盟的盟主地位。伯里克利（Pericles，约公元前495—公元前429年）统治时期（公元前462—公元前429年），雅典势力如日中天，吸引了来自希腊各地的科学家艺术家。雅典成了“全希腊的学校”。雅典三巨头苏格拉底（Socrates，公元前469—公元前399年）、柏拉图（Plato，公元前427—公元前347年）、亚里士多德（Aristotle，公元前384—公元前322年）应运而生。

4.1 苏格拉底

▽ 图 4.1

苏格拉底头像，罗马时代的希腊原像的复制品，现藏雅典考古博物馆。作者摄

在讲柏拉图之前要简单讲一下苏格拉底。

苏格拉底公元前469年生于雅典郊区的一个小康家庭，爸爸是雕刻匠，妈妈是助产婆。苏格拉底历史上三次参加战争，都加入了重装步兵。买得起重装行头，说明他家应该是中产阶级。

他结过两次婚，第二个老婆是个悍妻，别人嘲笑他说怎么受得了，苏格拉底说连她我都受得了，还有什么事能难倒我，认为娶悍妻对磨炼人生有好处。他还有三个儿子。

当时希腊各地的文化人都来雅典扬名立万，讲课收钱，但苏格拉底不收钱。

阿里斯托芬有一部留传至今的喜剧叫做《鸟》，其中把苏格拉底当作智者的代表来嘲笑。这肯定是对苏格拉底的误解。苏格拉底一辈子不喜欢智者，认为智者从事学术研究不是为了追求真理，而是为了混饭吃，这就已经玷污了学者的形象。再说，智者们光是耍机灵，把论辩搞成“公说公有理、婆说婆有理”的相对主义游戏，这也是苏格拉底坚决反对的。阿里斯托芬居然把苏格拉底说成是智者的代表，这叫人怎么受得了。

可是，苏格拉底涵养就是好。据说苏格拉底本人看了剧，没表态，很大度。这说明他深深认识到喜剧的讽刺功能是城邦健康生活的一部分。就像**伏尔泰**说的那样：“我可以不同意你的观点，但誓死捍卫你发表观点的权利。”但后世的确有人认为，这个喜剧加深了雅典人民对苏格拉底的偏见，导致了后来苏格拉底被判死刑的悲剧。从这个意义上说，这个剧也在某种程度上起了谋杀苏格拉底的作用，属于舆论杀人。

>> **伏尔泰**
（François-Marie Arouet，1694—1778）

18 世纪法国启蒙思想家、文学家、哲学家，主张开明的君主政治，强调自由和平等，代表作《哲学通信》《路易十四时代》《老实人》等，被誉为“法兰西思想之王”。

苏格拉底特别喜欢思考，但本人没有作品传世，都是通过学生传播。他对当红智者不以为然，有时还故意装不懂去问智者问题，让对方认识到自己的无知。

德尔菲神谕说全希腊最聪明的人是苏格拉底。苏格拉底很意外，觉得自己本来很无知，不知道神为什么这样高抬他。后来他发现，可能是因为他是希腊人中第一个认识到了自己无知的人。知道自己无知，这就是最高的“知”。“认识你自己”这个德尔菲箴言被苏格拉底带热了。

苏格拉底德性非常高尚，有自己严格的伦理原则。当时希腊世界盛行男风，成年男子与少年男子搞同性恋是一种时尚。苏格拉底作为全希腊最聪明的人，也受到了很多美少年的热爱，但他认为男风只能限于精神恋爱，不能掺杂肉体的成分。据说他本人守身如玉，从来没跟男孩子乱搞。

他遵守法律，认为恶法也是法。判他死刑，他就伏法，想通过自己的死亡来使法律本身的恶彰显出来。

>> 苏格拉底被判死刑原因

第一，卷入政治内讧，被指控不敬神和毒害青少年。
第二，判决之前的自我辩护激怒陪审官。

苏格拉底究竟是怎么死的？

首先是卷入了政治内讧，被人指控了两个罪状：一是不敬神，二是毒害青少年。

苏格拉底作为理性主义的开创者，难免会讲出一些在传统人士看来不敬神的话，比如从道理上讲太阳与月亮的关系，那传统思想会认为你把阿波罗神放在何处。同时，他身边有很多年轻人，这些人都是未来的政治栋梁，所以苏格拉底一举一动都有可能影响雅典未来的政治格局，潜在的政敌们感到了威胁，就以此指控苏格拉底。

其次是判决之前的自我辩护激怒了陪审官们。苏格拉底说雅典是一头大牛，这个牛已经麻木不仁，我就是一只牛虻来刺激你，让雅典这头巨牛要敏感起来。判我死刑不是我的错误，是你们的错误。你们这样搞会永远被钉在历史的耻辱柱上，而我将会不朽。陪审官们一听这家伙这么狂妄，本来是微弱多数投死刑，变成高票通过死刑。

▽ 图 4.2

苏格拉底监狱遗址。作者摄

那时候死刑并不马上执行，而且节日期间不处死人。其实古代雅典在执法方面有很多方式通融，比如认罪交罚金可以免死，但苏格拉底绝不认罪。他还可以逃跑。监狱的看守好几个是他粉丝，要放他走。他说不行，法律判我死我就得

△ 图 4.3

油画《苏格拉底之死》，法国画家雅克·大卫作于 1787 年，现藏纽约大都会博物馆

死，再说其实我也 70 岁了，也活够了，逃跑出去是对我肉体和精神的双重折磨，还不如死了痛快。

苏格拉底在监狱待了几个月。柏拉图记下了他和弟子们的对话。狱中的苏格拉底还是谈笑风生，从容不迫。讨论争议美德、美这些普遍性的问题，思想敏锐而深邃。

到了该喝毒酒的时候，在场学生哭声一片，苏格拉底说到时间了，把酒给我，便从容地饮下了毒酒。喝下去以后身体慢慢变硬，从下往心脏扩展。

苏格拉底最后一句话说，过几天你们替我去祭祀一下阿斯克勒庇俄斯神，就是医神，他治好过我的伤。就是要还愿，所以他其实是敬神的。

苏格拉底之死反映出民主制度本身的固有缺点，就是一不小心便可能沦为暴民政治。西方历史上有两位伟人以民主名义被处死：苏格拉底和**拉瓦锡**。法国科学家拉瓦锡是化学之父，命运跟苏格拉底有些相似，也是被革命法庭送上了断

>> **拉瓦锡**
（Antoine—Laurent de Lavoisier，1743—1794）

法国著名化学家，被后世尊称为“化学之父”，使化学从定性转为定量，建立了氧化还原学说，并且预测了硅的存在。他帮助建立了公制。拉瓦锡提出了“元素”的定义，著有第一部真正现代的化学教科书《化学基础论》。

头台。可是，他被处死不到半年，巴黎政治翻天了，巴黎人民就给他平反了。审判前为了拯救他，当时很多科学家都动员起来，结果雅各宾党把持的法庭有一个叫考费那尔的法庭庭长，非常傲慢地说："共和国不需要学者。"拉瓦锡说我还有一个化学实验没做完，能不能做完再杀我？没被允许。据传说最后拉瓦锡跟刽子手说："你把我脑袋砍下去，数一数我眼睛还能眨多少下。"这是拉瓦锡留给人类最后一笔科学数据。数学家拉格朗日悲愤地说："砍下一颗脑袋只需要一秒钟，可是法兰西再长出这颗脑袋100年都不够。"

苏格拉底之死是人类文明史上一个非常重要的事件，是西方文明自我检讨的主要对象。苏格拉底死后，柏拉图这样的有志青年不再从事政治了，而改为从事哲学，从结果上讲还是不错的，否则我们可能就没有柏拉图这样的伟大学者了。

△ **图 4.4**

柏拉图雕像，罗马时代对希腊原件的复制，现存雅典考古博物馆。作者摄

4.2 柏拉图生平

柏拉图是土生土长的雅典人，贵族出身，家族的父系和母系，都可以追溯到当时的那些神圣家族。据说，他的母系是伯里克利家族的人，他的父系也属于非常高贵的血统。柏拉图年轻的时候，也像希腊当时许多的有志青年一样迷恋苏格拉底，经常在铁匠铺一带，跟着苏格拉底学习，听苏格拉底谈天说地。雅典的未成年人没有公民权，不能在阿戈拉集会，只能在阿戈拉附近的铁匠铺一条街上闲逛。

有这样一个美丽的传说，苏格拉底有天晚上做了一个梦，梦见一只天鹅飞来，飞到他膝盖上就不走了。结果第二天，就有一个学生对他说："有一个年轻贵族子弟对您特别仰慕，希望拜于您的门下。"而这个人就是柏拉图。

这件事虽然带有些许神话色彩，但事实上，苏格拉底确实对柏拉图非常看重。苏格拉底认为，柏拉图这个青年人很有灵性，所以对他格外器重。

柏拉图当年是有从政倾向的，因为他们家族本来就是名门望族，按照雅典的传统，他将来应该接着去当政从政。但是我们也知道，苏格拉底被民主政治处死以后，柏拉图对政治感到极度厌恶，他就开始弃政从学。

在《苏格拉底之死》这幅画里面，那些学生们都在掩面悲泣，里面却没有柏拉图。为什么柏拉图那时不在场，原因是什么呢？因为柏拉图当时生病了，已经起不来了。但是后来，柏拉图把他对恩师的那种仰慕和尊敬，都化作笔下的几个对话。在他早期对话里面，有三大对话，是专门讲苏格拉底被处死这件事情的，而且他一辈子写的大多数对话，主要发言人都是苏格拉底。虽然我们搞不清楚，究竟是苏格拉底本人说的，还是柏拉图说的，总归是通过苏格拉底的嘴讲他想讲的话。这也是他对恩师的一个重要纪念。

苏格拉底被处死的那一年，柏拉图 28 岁，他跟随了苏格拉底 8 年。在这之后，他对政治产生了厌恶，于是开始外出游历。据历史记载，他大概去过小亚细亚、埃及，也有可能去过意大利。去意大利的经历对他来说，影响很深远，因为当时的意大利就是毕达哥拉斯学派活跃的地方。我们可以看到，柏拉图主义里面，最核心的思想就是毕达哥拉斯主义。

柏拉图继承了毕达哥拉斯主义中最核心的一些思想内容，其中最基本的思想就是：数学是这个世界的本质。

公元前 399 年到公元前 387 年，柏拉图在外游历了 12 年。其间他访问了南意大利的塔任同，这是毕达哥拉斯学派最为活跃的地方。

当时毕达哥拉斯学派有一个成员叫**阿尔基塔**（Archytas，公元前 428—公元前 347 年），这个人是毕达哥拉斯之后，整个学派里面最有影响力的一个人。他是一位政治家、数学家，同时也是一位天文学家。据说，柏拉图后来跟他成为了好朋友。

我们知道，影响柏拉图的思想有两个：一个是苏格拉底，这自然不用说；另一个就是毕达哥拉斯学派。

4.3 君从叙拉古归来？

40 岁以前，柏拉图的生活里经历了苏格拉底被民主制处死，因此心灰意冷决定出去散散心。据说，在苏格拉底被处死之前，他教育他的学生们说，你们还年轻，应该多出去走一走。所以，柏拉图忠实地践行了他恩师的教诲，就到小亚细亚、埃及、南意大利游学去了。在游学的过程中，他蠢蠢欲动，还是想实现他一贯的理想。

公元前 387 年，柏拉图 40 岁，他访问南意大利的西西里岛。西西里岛当时最有影响力的一个城邦叫叙拉古，就是阿基米德的故乡。

柏拉图一辈子跟政治家结缘，就是在叙拉古。因为在叙拉古，有一个年轻人是当时国王的女婿，叫迪翁（Dion，公元前 408—公元前 354 年）。柏拉图访问叙拉古的时候，他大概 20 岁，对柏拉图可以说是一见倾心，特别仰慕他的学问，所以他就特别希望柏拉图到叙拉古去，去影响叙拉古王。当时的叙拉古王叫狄奥尼修（Dionysius）。

柏拉图本人确实怀有古往今来所有知识分子都有的宏大理想，就是成为帝王师。也可以说，柏拉图开辟了这个先河。但是他跟他的学生亚里士多德不一样。亚里士多德很幸运地成了古往今来最伟大帝王的最伟大导师，在这方面非常成功。可是柏拉图很不幸，他一辈子特别希望当统治者的老师，但是一次都没成功。

我们知道，柏拉图有一个根深蒂固的思想，他认为最好的统治者不是民主体制选出来的人，而是有哲学头脑的帝王，叫作 Philosopher king（哲学王）。一般的帝王都没有哲学头脑，所以柏拉图就说，我帮你，我教你哲学，你听懂了以后，不就成为哲学王了吗？

他到了叙拉古去，带着这样的理想，想要教育和说服狄奥尼修一世如何做。结果狄奥尼修一世恼怒地说："你这个老头子，怎么老对我指手画脚，你懂什么？"于是就把他卖为奴隶。这次对叙拉古的访问，不仅没有成为帝王师，反而被恼怒的狄奥尼修当作奴隶，卖到萨拉米斯边上的一个岛上。在那个岛上，他碰到一些熟人，才把他买下来，送回雅典。柏拉图帝王师没当成，结果却被卖为奴隶，特别狼狈。

柏拉图一看，那就算了，先办学吧，于是就在雅典西北郊一个叫作阿卡德米的地方创办了一个学校，"阿卡德米"因而在后世专用来指"学院"（Academy）。

▷ 图 4.5

阿卡德米遗址。作者摄

20 年之后，在他 60 岁那年，老狄奥尼修去世了，狄奥尼修的儿子，狄奥尼修二世又登基了。这个时候，迪翁，就是那个特别仰慕柏拉图的狄奥尼修一世的女婿，又给他写信说："老师，您的机会又来了，老国王死了，新国王来了，这新国王不错，你来吧。"那一年，柏拉图都已经 60 岁了，机会又来了，他的心又活了。于是，20 年以后，他又二访叙拉古。

也是在这一年，17 岁的亚里士多德来到雅典阿卡德米求学。亚里士多德到的时候，柏拉图正好不在家。他去哪了呢？又到叙拉古去了。柏拉图那年 60 岁，他不辞辛劳，不远千里，回到叙拉古，这一次狄奥尼修二世确实比他爹强一点。

柏拉图每天晚上教他几何学，说你只有学了几何学，才能成为一个高尚的人、纯粹的人、一个脱离低级趣味的人，才能成为一个真正的好领导。

狄奥尼修二世还不错，也跟着他学了点，但是毕竟他是

狄奥尼修一世的儿子，本质上还是不喜欢这些东西。所以柏拉图教了半天，虽然没有把他惹恼，但是柏拉图明显感觉到，孺子不可教也。

于是，他又回雅典了。公元前 362 年，柏拉图 65 岁，年事已高的他，又第三次访问叙拉古，这次又是怎么回事呢？好像是因为迪翁有权了，那时候迪翁已经 45 岁，人到中年了，慢慢有权力了，于是又来请柏拉图，他就又去了。结果，还是没有让他满足心愿。迪翁遭到暗杀，柏拉图悲伤地离开了叙拉古。

柏拉图一辈子三访叙拉古，但基本上每次都是无功而返。所以，在西方哲学史上有一个笑话，对于那些有帝王师企图，却经常失败的人，人们就会问：君从叙拉古归来吗？

1934 年，著名哲学家**海德格尔**辞去了弗莱堡大学的校长职位。他的同事们都问他：君从叙拉古回来吗？我们知道，海德格尔也想成为帝王师，也想把他的哲学付诸现实政治

△ **图 4.6**

叙拉古郊外的采厂场遗址。作者摄。

柏拉图被叙拉古王卖为奴隶，开头有可能在这里做过苦力。

>> 柏拉图三访叙拉古

第一次：狄奥尼修一世在位，被贩卖为奴。

第二次：狄奥尼修二世在位，无果而返。

第三次：迪翁掌权（但后来遭到暗杀），悲伤离开。

>> 马丁 · 海德格尔（Martin Heidegger，1889 — 1936）

德国哲学家。20 世纪存在主义哲学的创始人和主要代表之一，著有《存在与时间》《康德与形而上学的问题》等。

中，结果却一塌糊涂。战后，海德格尔因为纳粹问题，不断遭到审判，弄得他焦头烂额。其实，当时他的同事们就已经嘲笑他了，说你从叙拉古回来吗？意思就是说，你搞那些你不熟悉的政治做什么？

其实，这也是没办法的事情，知识分子手无缚鸡之力，又想改造世界，就得假他人之手。但是他人也不是傻子，能让你假他的手吗？所以一般都不容易成功，都是“从叙拉古归来”。

中国古人讲立功、立言、立德三不朽。从立功的角度看，柏拉图他们都是失败者，都是loser，都没有成功。但亚里士多德是个例外，他既立功，又立言，而柏拉图则是立功不成，立言还行。

公元前348年，也就是第108届奥运会第一年，柏拉图去世，享年80岁，在古代算是很高寿了。

4.4 柏拉图思想的来源

柏拉图有两大思想来源，第一个是苏格拉底，第二个是毕达哥拉斯学派。

要讲清楚苏格拉底的思想，先要说巴门尼德。巴门尼德（Parmenides，约公元前515—约公元前450年）是爱利亚学派的主要代表人物。他们突出地强调了不变是世界的本质，而变化是假象。此前赫拉克利特讲到“变化”是宇宙间最普遍的现象，讲“一切皆变、无物常住”，在爱利亚学派这里遭遇了猛烈的反对。

当然，赫拉克利特本人也讲了“度”的概念。他说变化无处不在，但变化有度，也就是 logos。Logos 这个词，最早的意思是“讲话”，后来被赫拉克利特转化成“分寸”“度”的意思，叫作变化有“度”。到后来，“度”的思想慢慢压倒了“变”的思想。到巴门尼德就彻底翻盘了。

>> 赫拉克利特强调：“变化”无处不在，变化有度。

爱利亚学派强调：“变化”只是假象，“不变”才是真相。

对巴门尼德为代表的爱利亚学派来说，光说“变化皆有度”还不够，还得说“变化”只是假象，“不变”才是真相。他提出，“存在者存在，不存在者不存在”，用“一”来统率“多”，用“不变”来统率“变化”。这一思想直接促成了苏格拉底、柏拉图这一派人，通过追究概念的逻辑，通过追究普遍性、一般性和确定性，来构建他们的知识体系。柏拉图有一个对话叫作《巴门尼德》，写的就是年长的巴门尼德来到雅典，与年轻的苏格拉底展开对话。在他们的对话中，苏格拉底说，伦理学的要害不是道德规范而是知识。意思就是，你懂得很多行为规范没用，那些规范可能是不可靠的。苏格拉底通过他的伦理学思辨，提出一个思想——伦理学最终的目标和最终的坚实之处，在于它是知识。

柏拉图在他老师的思想基础上，提出了著名的理念论。柏拉图认为，世界的本质在于 idea 或 eidos，也就是我们常说的“理念”。理念是永恒的、不变的、超越的。我们这个变动不居的世界之所以还有一点可爱之处、有一点道理可讲，那是因为，它是对理念世界的模仿。只有理念世界才是真正纯粹的、恒久的、完美的、完善的，现实世界最多只有部分的善和美。

>> 柏拉图的“始基”观

世界的本质在于“理念”，是永恒的、不变的、超越的、“看得见”的。

今天我们知道，把 idea、eidos 翻译成“理念”是有一点问题的，因为这个词里并无“念”的意思。当然这个词也的确不太好翻译。希腊文本来就跟咱们中国有双重的间隔，一个是时间上间隔两千多年，一个是空间上语种相隔很远，所以不容易翻译成中文。希腊文 idea 传到现代英语这里，的确就已经有思想、观念的意思，当年的学者大概是从英文的意思翻译成“理念”的。大家觉得柏拉图讲“理想”，把他推崇的东西译成“理念”很合适。其实，回到柏拉图的语境中，我们还真的需要以朴素的态度来看待这个 eidos。

我们之前讲过，希腊诸神都是裸体的，是有血有肉的、看得见的，是可以雕刻出来的。这与基督教的神完全不一样。基督教的上帝没有肉身，完全是属灵的存在。可是希腊诸神不是。希腊神话的这个特点，隐约体现了希腊人对更高实在的理解。神族作为比人族更高的实在，他们的共同特点也是“看得见”。当柏拉图讲 eidos 的时候，着重强调了这个“看得见”的方面。作为世界的本质，eidos 当然是很完美的，但它一定能“看得见”。

我们中国人关于世界之本体的理论，并不强调“看得见”，什么“惚兮恍兮，其中有象”，可是，“大象无形”，根本“看不见”。希腊思想非常的质朴，就像它的多立克柱子一样，往那儿一杵，就这么着。柏拉图认为，世界的理想状态，其实是事物背后的“形式”。比如，我们有时会说，我一看你就不是好人。为什么“一看”就知道呢？这里面的道理有点像柏拉图提出的 eidos。这个“形”和“象”，就可以按字面来理解，不要去想那些现代人才熟悉的抽象概念的东西。在柏拉图看来，作为事物本质的东西，其实就是那个你一眼能“看”穿的东西。

“看”是理解柏拉图哲学，甚至整个柏拉图以来的西方哲学的一个关键词。近百年来，西方哲学都在反省自己的“视觉中心主义”。这个“视觉”中心主义就来自柏拉图的eidos。

大家知道希腊哲学重视思辨、重视理论，而“理论”这个词 theory 的希腊文本来就是“安静地看”，安静地看就是“旁观”，而“旁观”就是理论。

可见，“看”在希腊思想中有多重要。以宙斯为代表的奥林波斯山诸神都是裸体的，柏拉图的基本概念是 eidos，希腊科学的基本形态是“理论”，而理论就是“静观”。一切都着眼于“能看见”。

但是，什么是“看”？谁能看见？当然，“看”不是一般的肉眼凡胎之所“见”。一般人的眼睛闪烁着肉体的光芒，不管用。柏拉图的“看”，是独独属于哲学家的。只有哲学家的“慧眼”才能看得见那个 eidos。后世的人们强调“直观”的重要性，这和柏拉图一脉相承。但是，直观是最难的。伽利略、笛卡尔和牛顿后来都强调直观的重要性，因为物理学的基本概念都是通过直观得来的，然而，普通人哪里有这个“直观”的本领？要成为一个有洞察力的人，就得学习，学习什么？学习科学、哲学。

但是，为什么学习的目的归根结底只是“看”呢？这还得追溯到希腊这里来。因为希腊诸神都是裸体的，都是可描画的，因此，世界的本质、高级的存在，都是有“形”的，能“看”的。所以，希腊人的宇宙是看得见的，世界的运行规律和逻辑也是可以写下来的，可以做成方程的。这件事情极其重要。我们东方思想讲到最高处的时候，就开始神乎其神了，“道可道，非常道；名可名，非常名”，总归是没法说。

而希腊思想，却质朴地认为，最高的存在，仍然是有“形”的，可“说”的。

目前哲学界倾向于把 eidos 译成“相”，这个比“理念”要好。但是，大家都习惯于“理念”这样的说法，我们也从众。不过，需要记住的是这个理念中“可见”的一面，要忽视它“思想”“观念”的一面。

柏拉图特别强调“相”是超越的。超越的意思就是说，肉眼凡胎看不见。真正的理念，需要通过一种思维之眼、精神之眼、灵魂之眼、理性之眼才能看得见。柏拉图特别强调，理念是超越于感性世界的。

如果我们的感性世界如此糟糕，希腊人怎么还会这样的热爱生活、热爱世界？柏拉图说，我们生活在其中的这个世界应该还算是不错的，因为它毕竟或多或少模仿了理念世界。我们的世界固然是有缺陷的，但它毕竟是对理想世界的模仿，所以或多或少还是有理想世界里那些高贵的东西、美的东西、完善的东西，所以这个世界还是值得生活的。

现实世界虽然模仿了理念世界，但毕竟不是理念世界。柏拉图在**《理想国》**中，强调现实的感性世界实则幻象。他说，我们这些不幸的人，其实就像是浑身挂满锁链，被锁在一个洞穴里面的囚徒一样。囚徒的手脚都被捆住，困在洞穴里面，背朝洞口面朝洞壁，外面的光照到洞里面，我们只能见到洞壁上人影晃动，其实那都是影像，不是真相。这就是著名的洞穴隐喻。

>>《理想国》

柏拉图创作的哲学对话体著作，主要论述了柏拉图心中理想国的构建、治理和正义，涉及政治学、教育学、伦理学、哲学等多个领域，被认为是近代“乌托邦”思想的源头。

我们人就这么可怜，由于生就了一副肉眼凡胎，所以看到这个世界上的事情，其实就是一些影像而已，不是真实的。个别的天才、哲学家、贤人，他们有机会到洞外去，看到真正的世界，而芸芸众生在洞里面出不来，看不到真正的世界。有智者回来告诉大家，外面世界如何如何，大家还会说他是个疯子。

这个寓言说出了自古以来，一切智者的悲惨命运。芸芸众生脱离不了感性肉身的束缚，走不出洞穴。当然，如果贸然走出去，外面的光太亮，眼睛容易亮瞎。习惯了黑暗洞穴里面的人，不能随便出去，需要做准备。这也是我们人类普遍的命运。

柏拉图的洞穴喻表面看起来很荒谬，其实代表着一种科学精神。科学追求不变性，自然要视变化为表面现象。爱因斯坦在悼念青年时候的老朋友贝索时说过，对物理学家来说，过去、现在、未来只是一种顽固坚持着的幻觉而已，是来自我们人类无可逃避的肉身存在，而对于物理学方程而言，永恒的空—时四维连续流形（manifold）才是真相。

提出系统的理念论，这是柏拉图思想中受苏格拉底影响的部分。如何通达理念世界？这就要说到毕达哥拉斯学派的影响。毕达哥拉斯学派的基本思想是，数是万物的本质。柏拉图也强调，数学是通往理念世界的必由之路。

4.5 数学的重要性

—

肉眼凡胎的普通人如何才能接近理念世界？柏拉图的答案是：学习数学。

当然，数学的世界本身也还不是理念世界，因为数学的对象还是肉眼可以看到的，比如几何图形、天穹星象……但通过演练数学，你可以被引向理念世界。传说柏拉图学院门口有个牌子，写着“不懂几何者不得入内”。

>> 为什么数学可以使人接近理念世界？

第一，数学知识最接近理念知识所应有的纯粹性。

第二，数学知识是确定性知识的典范。

为什么数学可以达成这样的目标？原因有二：

其一，数学知识最接近理念知识所应有的纯粹性。数学的研究对象似乎是可以见到的，但又仿佛不在现实生活中。比如，自然数字 1、2、3，似乎可以在现实中看到一支笔，两张纸，三个人，可是细想一想，那个单纯的 1、2、3，似乎又不是我们能够看到的。三角形固然可以画出来，因而被我们看到，可是画出来的三角形并不是严格的几何三角形。严格的几何对象，点是没有大小的，线是没有粗细的，面是没有厚度的，所以，任何画出来的三角形都不是严格的几何三角形。实际上，画出来的三角形总是一个特定的三角形，有特定的角度和边长，可是几何学要讨论的经常是任意三角形，而任意三角形是画不出来的。因此，在几何证明时，不能依赖画出来的图形，而要靠思维的力量超脱图形的无形约束。你要不断地透过现实的尺规作出来的图，看到没有大小的点，没有粗细的线，没有厚薄的面。所以我们说，数学具有一种不可思议的功能，它能够帮助你由此及彼，由现实进入超越世界。学数学是一个准备性训练。学完数学的人，才能够满怀信心地真正去学习纯粹的理念知识。

柏拉图强调几何学知识的超越性，也强调几何学对象的超越性。他反对过多地使用画图工具，认为那样一来就会损坏几何学的纯粹性，因此做出了只许使用直尺和圆规作图的限定。

其二，数学是苏格拉底所推崇的确定性知识的典范。数学知识都是说一不二的，对就是对，错就是错。咱们考数学，有考一百分的，也有考五分的，那语文就不容易考一百分，也不容易考五分，因为语文没有那么说一不二。

数学知识的确定性，一定给柏拉图留下深刻印象，所以他一直鼓励他学院里面的人都要好好研究数学。根据目前留传下来的历史资料，柏拉图本人似乎没有做过什么数学研究，不是个数学家，但他的确是一位数学哲学家。他重视数学、推崇数学，引导他的学生们致力于数学研究。

柏拉图学院里面数学家特别多，有名有姓的，就有十多个人。这里，我们只简单提一下三个最有名的：

第一个人叫泰阿泰德，据说他发现了第五种正多面体。在此之前，毕达哥拉斯学派已经发现了四种正多面体，而泰阿泰德发现了第五种。据说泰阿泰德还证明了，正多面体有且只有五种，这个后面我们会细说。

第二个是欧多克斯，他是希腊数理天文学的创始人。他的数学非常厉害。在希腊，天文学属于数学学科，是应用性的球面几何学。他的开创性工作，我们将在第 6 章专门讲述。

第三个人物是**欧几里得**，《几何原本》的作者。关于他的生平没有太多记载，只知道他大约活跃于公元前 300 年左右。由于年深岁久，欧几里得的生平事迹都失传了。后世史学家只知道他的鼎盛年大概是公元前 300 年。如果这一年他 40 岁正当盛年的话，那么他应该是大约出生于公元前 340 年，柏拉图那时已经去世了。可以肯定的是，他曾经在柏拉图学园学习过。当然，他没有见过柏拉图。由于他的一生正处在希腊古典文明末期和希腊化文明的早期，他的《几何原本》作为希腊古典几何学的集大成，应该是在希腊化时期的

>> 欧几里得（Euclid，约公元前 330—公元前 275 年）

古希腊数学家，被称为“几何之父”，其著作《几何原本》是欧洲数学的基础，总结了平面几何五大公设，被广泛认为是历史上最成功的教科书。书中使用的公理化的方法后来成为建立知识体系的典范。

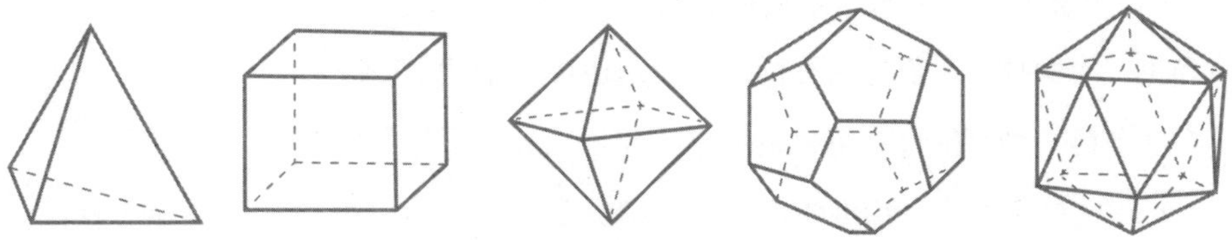

△ 图 4.7

五个正多面体

科学中心、托勒密埃及的首都亚历山大城写成的。他的工作，我们在以后讲希腊化科学的时候再详细说。

我们这里简单讲一讲五个正多面体的故事，那是一部人类科学思想史上极为浪漫、极为动人的一个故事。这个故事也反映出了柏拉图主义对于整个西方科学史的巨大而持久的影响。

什么叫正多面体，正多面体的意思就是，每个面是完全相同的正多边形，而正多边形每条边都相同。正多边形可以有正三角形、正四边形、正五边形、正六边形……这么多正多边形要组成一个立体的话，可以构成几个？柏拉图学派证明了有且只有五个。

我们可以做一个不太严格的证明。要构成一个立体角，就要求构成这些立体角的各个面的角度加起来必须小于 360 度，等于都不行。正多边形边越多，内角就越大，正三角形的内角度是 60 度，正四边形是 90 度，正五边形 108 度，正六边形是 120 度。构成一个立体角至少需要三条棱，如果是 120 度的话，乘以 3 就 360 度了，所以，正六边形就不能构成一个立体角。换而言之，正多面体只能由正三角形、正四边形和正五边形这三种正多边形构成。

如果用正三角形的话，每个角 60 度，可以有 3 条棱、

4 条棱、5 条棱三种可能，分别可以构成正四面体、正八面体和正二十面体。6 条棱就不行了。正四边形每个角 90 度，只有 3 条棱一种可能性，可以构成正方体。正五边形每个角 108 度，只有 3 条棱一种可能性，可以构成正十二面体。所有可能的结果加起来就是，正多面体有且只有五个。

柏拉图学派认为，正多面体是多面体中最美妙的，因为它的每条边一样长，每个面一样大，可是，它居然就只有五个。这是为什么呢？这中间有什么奥妙可言吗？

对数字非常敏感的毕达哥拉斯主义学派来说，这个数字五就必然很有说道。怎么就这么巧，正多面体有且只有五个呢？

哥白尼体系提出来以后，太阳成了宇宙的中心，围绕太阳旋转的行星成了六个，分别是水星、金星、地球、火星、木星、土星。**开普勒**是当时著名的哥白尼主义者，也是个狂热的毕达哥拉斯主义者。于是他就琢磨，行星有六个，正多面体有五个，要说它们之间毫无联系怎么可能呢？

>> 约翰尼斯·开普勒（Johannes Kepler，1571—1630）

德国天文学家、物理学家、数学家，发现了行星运动的三大定律，即轨道定律、面积定律和周期定律，同时对光学、数学也做出了重要的贡献，是现代实验光学的奠基人。

于是，他就拼命地去琢磨这六个行星的轨道。琢磨来琢磨去，终于有一天他琢磨出来了。通过五个正多面体，进行内切和外接的嵌套，可以产生六个球，这些球的大小正好符合六个行星的轨道尺寸。

他想出来以后，特别兴奋，有一种发现了世界秘密的感觉，于是写了一本书，叫《宇宙的奥秘》。那本书问世以后，被另外一个天文学家第谷看到了。第谷发现，这个人的数学功底真不错，就决定收他为徒。

第谷本人不是数学家，但是他有很多重大天文发现和系统而精确的天文记录，特别是，他有非常完整的火星位置数据。开普勒继承了第谷的数据，在此基础上最终发现了行星运动的三定律。开普勒三定律直接导向了牛顿的万有引力定律，是天文学史上一个非常伟大的发现。可是，指导他做出伟大发现的动机，竟然是柏拉图学派最早发现的五个正多面体。

4.6 创世的数学设计

柏拉图学派成员做出了很多数学发现。柏拉图本人在数学上的成就如何，我们不十分清楚。不过，就算他在数学上没有做出什么成就，但他在鼓吹数学的重要性上，在奠定数学的哲学地位上，可谓居功至伟。

柏拉图有一本书在中世纪流传甚广、影响甚大，里面讲述了一个数学创世的故事，这本著作就是《蒂迈欧篇》。

拉斐尔的名画《雅典学园》里面，柏拉图一手指天，一手抱着的那本书就是《蒂迈欧篇》(*Timaeus*)，可见这本书的影响之大。在中世纪早期的基督教世界里，柏拉图唯一得到传播的书就是这本书。为什么呢？

为了解释这一点，我们需要考虑一下基督教思想跟希腊思想的根本区别。**两希文明**有许多差异，其中思想观念上最大的差异恐怕就是：基督教有创世思想，而希腊人认为世界是永恒的。

基督教认为世界是无中生有，是被上帝创造出来的，而希腊主流思想则认为，世界不是创造的，没头没尾，无始无终。希腊人喜欢讲理。逻辑上讲，你说有创世，世界有开

>> 基督教思想与希腊思想的根本区别

基督教思想：世界是被上帝创造出来的，无中生有。

希腊思想：世界不是被创造的，是无始无终的、永恒的

>> 两希文明

希腊文明—罗马文明（文化）、希伯来文明—基督教文明（文化）。被称为欧洲文明的两大源头。

TIMEO
ETIC A

◁ 图 4.8

《雅典学园》局部。柏拉图一手指天，一手抱着《蒂迈欧篇》

端，那创世之前是什么呢？这样的追问没完没了，比较麻烦，所以希腊人普遍认为，宇宙是永恒的，无始无终、没头没尾最合理。

但是柏拉图在希腊思想家中是个例外。他的《蒂迈欧篇》恰恰是有创世思想的，只不过他的创世，跟基督教的创世不太一样。

基督教的创世，是上帝完全凭借他的意志，无中生有地创造。上帝说“要有”什么就有什么：要有光，便有了光。柏拉图的创世，是造物主把既有的形式调和到一堆质料那里，拿形式灌到质料里去，这就产生了万事万物。

不管柏拉图的造物主如何创世，总归还是创世。所以，基督教早期对柏拉图是非常喜欢的，《蒂迈欧篇》这个时候也就流传了下来。在柏拉图的所有传世著作里面，《蒂迈欧篇》最确定是他本人的作品，因为亚里士多德的作品里就已经明确提到过，把柏拉图和《蒂迈欧篇》相提并论。

《蒂迈欧篇》是柏拉图晚年所作，是他成熟时期的著作，在这本书里，柏拉图描述了一幅世界的理性构造的图景。

通常在柏拉图的书里面，苏格拉底是主要对话者，但在这本书中蒂迈欧是主要对话者，而且差不多是独白者，除了开头有几段对话外，后面都是蒂迈欧一个人在长篇大论地发言。

△ 图 4.9

数学创世纪，1220 年到 1230 年间出现的插图版《圣经》，作者不详

蒂迈欧讲述了一个关于造物主如何创造世界的故事。简而言之，造物主采用数学的方式来创造世界。书中对此讲得非常详细，提供了自然界的数学构造的范本。中世纪有一幅表现创世的油画，画的就是上帝拿个圆规一画，世界就被造出来了。这其实是柏拉图的创世思想。

创造者，希腊文叫 Demiurge。Demiurge 为什么要创造世界呢？

这里面牵涉到柏拉图思想的一个重要因素，即认为神之所以是神，在于他是至善。善到什么程度呢，善到没有嫉妒的程度。也就是说，他善，他也希望你善，因为如果他只是自己善，而不是希望其他东西也善，那就不是至善。

创世者之所以创世，是因为他自己的善已经达到至善至美的程度，甚至流溢出来。这种流溢善的行为就是创造世界。所以，创世本身是一种善行。创世者至善，善而没有嫉妒，他希望万物皆善，所以创世。

这个思想其实影响了基督教。早期基督教的护教思想家们，也吸取了这个思想作为创世的动机。

创物主怎么造物呢？先是把可见的事物造出来，造完以后赋予秩序，最后赋予灵魂。被赋予秩序的物就变成了 cosmos。为什么 cosmos 是宇宙呢，因为 cosmos 是善的，是完善的“善”。这个世界是造物主创造的，一定是完善的，所以一定是有秩序的。

如何把事物造得看得见摸得着呢？要看得见，一定要有光，一定要有火，没火不行，所以要想可视可见就需要造火。要想可触可摸，就需要造土，土是可以摸得着的东西。所以，造物主创世的时候，他的顺序是先造火，再造土，让你的五官能用起来，我觉得这是个非常奇妙的解释。

造完火和土不就行了吗？不行！他说还得有两个比例中项。为什么需要比例中项，为什么需要两个？这都是有讲究的。我们的世界是一个三维立体，既然是立方，那就需要两个比例中项。

我们的世界是个三维世界，这是一个很神奇的事情。牛顿万有引力定律说的是引力与距离的平方成反比。可是，为什么是平方反比呢？为什么不是立方反比？为什么不是简单反比？

>> **康德**
（Immanuel Kant，1724—1804）

德国古典哲学创始人，启蒙运动时期最后一位主要哲学家，其学说深刻影响近代西方哲学，并开启了德国古典哲学和康德主义等诸多流派。

德国哲学家**康德**曾经对此做了一个证明。他认为，万有引力之所以是平方反比定律，与我们的世界是三维世界有关。他的意思是，如果我们的世界是二维的话，那万有引力可能就是直接反比。

现在看来，立方还是平方这件事儿，其实柏拉图已经思考过了。他认为，之所以会有四元素一说，是因为我们的世界是三维的。因为是三维立方，所以一定有两个比例中项，所以在火和土之外，中间还得有两个元素：一个是水，一个是气。四元素就是这么来的。

造出了四元素之后，就得造一个世界。这个世界应该是个什么形状？柏拉图认为世界应该是个球形。为什么？第一，球体具有最大的包容性，适合成为宇宙的形状；第二，中心到边缘距离相等，具有高度的对称性；第三，彼此高度相似。这些理由，我们都能够理解。

接下来的理由就比较有意思了。柏拉图说，球表面是平滑的，因为宇宙没有眼睛，也没有四肢。为什么呢？这个球无需眼睛，也无需四肢，因为宇宙没有之外，所以往外看是莫名其妙的，只能往里看。

宇宙之球是自给自足、完整的。它原地运动、始终如一，因为它再怎么转，也不会改变自己的位置，这才是一切运动中最完美的运动。造物主先造出土、水、气、火，再造出宇宙这个球体。

下面该创造宇宙的运动了。造物主先造出相同运动。这个“同”在柏拉图研究界经常产生疑问，其实从天文学角度看非常简单。所谓“同”的运动，指的就是全部天球的周日旋转。今天我们知道，这个是由地球的周日自转带来的视运动。

有了相同运动之后，再创造相异运动。这个“异”指的就是诸行星的反向黄道运动。相异运动的周期各个不同。月亮是 28 天一周，太阳是 365 天一周。

特别有意思的是，柏拉图还认为，在四元素的生成过程中，起作用的是两种三角形的组合。

如果你把正方形劈成两半，它可以变成两个等腰直角三角形。反过来，这样两个等腰直角三角形就可以构成一个正方形。由它可以构成最稳定的正立方体，就是土。正方形方方正正，不容易运动。土（地）就是这样。地球的静止在宇宙的中心，居然有数学的根据。

还有一种三角形，是由正三角形平分产生的。它是不等腰的直角三角形。由这两个三角形可以构成正四面体、正八面体、正二十面体，它们分别是火、气和水。其中的火是正四面体，因为它最小，而且特别容易动。水是正二十面体，它面最多，也最胖，最接近球体。

由于每一个正多面体，都可以分解成两种三角形的组合，因此不同的正多面体也就只是不同数量的三角形的组合。改变它们的组合，也就改变了元素，因此元素之间可以嬗变。土可以变成水，水可以变成气，气可以变成火，这就是元素嬗变。

怎么变呢？根据它们包含的三角形的数量来。二十面体的水可以变成一个火加两个气，两个火会变成一个气，二点五个气可以变成一个水，如此等等。

看到没有，在造物主的创世过程中，已经包含了严格而精确的数学机制。所以说柏拉图这个人，尽管本人在数学上没什么大的贡献，却在强调数学的重要性方面特别有影响力。《蒂迈欧篇》中的数学创世学说，是自然数学化运动的经典文献，成为后世一切柏拉图主义者模仿的榜样。

整个现代科学，都是用数学化的方式来处理自然界。在现代科学家这样做之前，有一个自然数学化运动。自然只有被充分数学化了，用数学的方式来处理自然界才是合法合理的，而自然数学化运动的精神领袖就是柏拉图。

《蒂迈欧篇》有许多地方挺神奇的，今天看来甚至有些荒诞不经，但是，它的主要核心思想，即用几何化的方式来创造宇宙，的确对后世产生了巨大的影响。

我们可以举 DNA 的例子。基因编码的思想最早是一个名字叫作**伽莫夫**的物理学家提出来的。他认为基因可以用数字写出来。我们要注意，这个思想早期并不是生物学家提出来的，甚至很多生物学家觉得不可思议：生命这么复杂，怎么可能用几个数字就写出来？

他那个基因编码的思想，被物理学家**薛定谔**采用，并且写了本书《生命是什么》，结果导致了分子生物学的诞生。其实，薛定谔最喜欢的人就是柏拉图，他就是仿照柏拉图的思想，跨界取得了这样的思想成就。他告诉大家，生命也是由这些数字密码构成的，不信你们试试。结果生物学家一试，结果还真是这样。

柏拉图在书中不仅描述了造物主先创造四元素，然后又

>> 乔治·伽莫夫（George Gamow，1904—1968）

俄裔美国核物理学家、宇宙学家，以倡导宇宙起源于“大爆炸”的理论闻名，为译解遗传密码奠定基础。著有《汤普金斯先生历险记》《从一到无穷大》等。

>> 埃尔温·薛定谔（Erwin Schrödinger，1887—1961）

奥地利物理学家，量子力学奠基人之一，发展了分子生物学和原子理论，1933 年与狄拉克（Paul Dirac）共获诺贝尔物理学奖。著有《波动力学四讲》《统计热力学》《生命是什么？——活细胞的物理面貌》等。

创造宇宙的过程，还讲述了动物和人的创造过程。

人是怎么造出来的呢？这里充满了柏拉图式的目的论思想。柏拉图认为，人不是从地面长出来的，而是从天上掉下来的。人是天神下凡，然后退化了，先是退化成男人，后来继续退化成女人，然后又退化成动物。女人退变成猴子，猴子又变成猪，猪会变成兔子，越来越退化。柏拉图的物种演化史是一部退化史。

由于人是天上掉下来的，而且“下落”即是“退化”，所以长在上面的脑袋是最高贵的，因此脑袋的形状采纳了宇宙的球状。每个人头上顶个像宇宙之球一样的脑球，是有神圣感的。我们是顶着宇宙来过日子的，所以脑袋是理性的所在地。

从哲学上讲，只有人类才有宇宙的概念。根本上讲，宇宙根本就不是我们的感官的对象，没有任何人见过宇宙，也没有任何可能见到宇宙，但我们的头脑里就是能够形成“宇宙”的观念。宇宙是什么东西？宇宙不是个东西，那我们人类怎么会有宇宙概念呢？这是我们人类最不可思议的一种存在方式。

柏拉图说，脑子在最上面，是理性的，是高贵的。越往下越下流，下半身是欲望的所在地。动物和人的根本区别是动物没有脑子，因为总是低着头走路，所以不可能拥有宇宙的概念。所以，柏拉图认为走兽是一帮恶劣的、不喜欢研究宇宙的人退化而来的。喜欢研究宇宙的人，脑子一直是高昂着的，一种很高贵的姿态，而某些人不喜欢宇宙，不喜欢研究宇宙，所以整天低着个头，结果退化变成了动物。

柏拉图还有一个很有意思的说法。他说鸟儿是由一类很

>>《蒂迈欧篇》中的创世过程

四元素之火和土：看得见摸得着。

四元素之水和气：三维立体的世界需要两个比例中项。

球体的宇宙：球体是自给自足的形状，原地运动是最完美的运动。

宇宙的运动：相同运动、相异运动。

人与动物的创造：天神下凡退化成人，再退化成动物。

懒、很幼稚的人变的。这一类人很懒，以为到天上去看一眼就搞明白了宇宙，很懒很幼稚，于是他们后来就变成了鸟。在他看来，鸟就是只喜欢飞上天去看一看，并不动脑筋研究。

在《蒂迈欧篇》这本书里面，充满了半正经、半不正经，半荒诞、半理性的东西。有一些讲法经常让你想哈哈大笑，但又有一些非常深刻的东西。无论如何，《蒂迈欧篇》确实影响了整个西方思想，影响了近代科学。

4.7 柏拉图对近代科学的影响

一

哥白尼、开普勒、伽利略这些人都是铁杆柏拉图主义者。著名科学史家柯瓦雷甚至认为，近代科学其实就是柏拉图战胜了亚里士多德，因为近代科学革命的先驱者们，统统都是用柏拉图的思想，来对付亚里士多德。

伽利略作为自然数学化运动的旗手，在他的著作《试金者》中有这样一段话：

“哲学被写在宇宙这部永远呈现在我们眼前的大书上，但只有在学会并且掌握书写它的语言和字符之后，我们才能读懂这本书。这本书是用数学语言写成的，其字符是三角形、圆和其他几何图形，没有它们的帮助，我们连一个字也读不懂。”

这段话现在公认是自然数学化运动的宣言。

将来我们还会详细讲述近代科学起源的故事，近代科学的先驱者们的故事。那个时候我们再来详细讲述他们是怎么把这个世界数学化的。简而言之，亚里士多德的物理学不是数学化的，他是根据范畴的逻辑来构造这个世界的体系。

在亚里士多德看来，凡物皆有自己，凡物皆有自身的本质，这些本质就构成了一个逻辑链条。我们把握住每件事物的内在逻辑链条，就把握了这个世界的理性构造。所以他不愿意把质还原为量。他愿意呵护每件事物。他愿意让石头成为石头，让飞鸟成为飞鸟，让鲜花成为鲜花。这是亚里士多德的思想。

柏拉图主义者不是这样。他们希望通过数学的语言，来描述这个世界。我们知道，近代科学的确是从柏拉图的思路出发，把各种质的多样性还原为量的差异，而且用数学来描述这种量的差异，最终取得了丰硕的成果。

在今天，我们甚至可以大声地说，数是万物的本质，数字是万物的本质，数码是万物的本质。整个近代科学，都是建立在柏拉图主义的数学化的思路之上。因为没有自然的数学化，今天的我们不可能做到克服地心引力飞上太空，不可能释放巨大的核能量，不可能通过麦克风来传递声音，也不可能通过化学的方法来改变生命。这一切伟大的成就，都与柏拉图有关。

第 5 章
亚里士多德的物理学：物性的科学

亚里士多德（Aristotle，公元前384—公元前322年）生于希腊北部的斯塔吉拉，父亲是马其顿王的宫廷御医。亚里士多德从小长在马其顿王宫里。13岁时，父母双亡，他由姐夫扶养。18岁时，他被送到雅典柏拉图学院里学习，直到公元前347年柏拉图去世。亚里士多德在柏拉图的学园里待了差不多快20年，对柏拉图的思想相当熟悉。不过，他自己有一套与柏拉图不太一样的理论，所以，柏拉图在临终前并没有把学园学长的位置传给他。柏拉图去世后，他就离开了阿卡德米。这一年，他大概是37岁。

他最先去了小亚细亚，待在一位名叫赫尔米亚的朋友的城邦，赫尔米亚死后他又去了列斯堡岛。在列斯堡，亚里士多德与皮提娅结婚。公元前343年，41岁的亚里士多德受儿时的玩伴、时任马其顿王的菲力二世的邀请，成为太子亚历山大的老师。他们的教学场所在现今的弥札（Mieza）。参加学习的不只有13岁的太子亚历山大，还有他的小伙伴们，包括后来的托勒密（Ptolemy，公元前367—公元前283

▽ 图 5.1

亚里士多德的出生地斯塔吉拉卫城遗址。作者摄

△ 图 5.2

弥札遗址。作者摄

年）、塞琉古（Seleucus，公元前 359—公元前 281 年）、卡桑德（Cassander，公元前 350—公元前 297 年）、莱西马库斯（Lysimachus, 公元前 361—公元前 281 年）。亚里士多德鼓励他们东征，把希腊文明传播到更广大的地区。如果考虑到正是在这里受教于亚里士多德的人，后来打下了庞大的帝国，并且把希腊文化播撒到广阔的东方，开辟并延续了希腊化时代三百余年，那么，我们似乎可以合理说：弥札就是希腊化文明的秘密策源地。

亚历山大和他的小伙伴们在弥札只学习了 3 年。公元前 340 年，菲力二世远征拜占庭，16 岁的亚历山大被召回王宫主持国家政务。亚里士多德大概也一同去了马其顿的首都派拉（Pella），继续在亚历山大主持国务期间为他授课。其间，马其顿军队在菲力二世和亚历山大的率领下，征服了全部希腊半岛。

公元前 335 年，亚里士多德回到雅典，在卫城东面的吕克昂地区创办了自己的学院。这一年，雅典已经在亚历山大

△ 图 5.3

吕克昂遗址。作者摄

的控制之下。作为亚历山大的老师，亚里士多德可能受到了雅典人的礼遇。公元前 323 年，亚历山大大帝去世，帝国内乱。雅典的反马其顿势力开始抬头。亚里士多德在这里待不下去了，遂离开雅典到他母亲的故邦优卑亚岛上避难。公元前 322 年，亚里士多德在这里去世，终年 62 岁。

5.1 雅典三巨头的思想继承关系

–

>> 雅典三巨头思想承继关系

苏格拉底：要发现事物的确定本质，一定要发现它的普遍性。

柏拉图：理念以一种超越的方式存在。它并不在事物之中，而在事物之外。

亚里士多德：理念就在事物之中。

苏格拉底、柏拉图和亚里士多德有持续的师承关系，构成了雅典三大思想巨头。他们之间有什么共同点，又有什么不同点？他们的共同点体现了一种什么样的希腊精神？他们的不同点又开辟了哪种不同传统？

在苏格拉底之前，雅典有一伙知识分子叫作智者，他们教人怎么说话，怎么在法庭上辩论，怎么去打官司，但是他们是要收钱的。这件事让苏格拉底特别不高兴。他认为，智者这样为了收钱而传授知识，是对纯粹知识的败坏。

由于要收钱，智者还开辟了一个很坏的知识论传统，那就是“公说公有理、婆说婆有理”的相对主义传统。著名智者普罗泰哥拉有句名言叫作：“人是万物的尺度，是存在者存在的尺度，是不存在者不存在的尺度。”这个说法过去一度被认为是古代希腊人文主义的宣言。其实这是苏格拉底特别讨厌的一个说法。为什么呢？他认为这样一来，真理就成了相对的东西。苏格拉底所代表的希腊正宗的理性传统是追求绝对真理、纯粹知识。可以说，正是经过苏格拉底以及柏拉图的努力，希腊理性主义克服了智者的相对主义。

苏格拉底一再强调，我们的目标是要寻求确定性的知识。你不能跟着经验，一会儿这样，一会儿那样。他发现，要发现事物的确定本质，一定要发现它的普遍性。苏格拉底谈到“美”的时候，让人从具体的、个别的美中抽离，发现一般的美，发现“美之为美”的本质。

苏格拉底通过与人反复论辩，强调这样一种思想，即高尚的德性需要从对纯粹知识的学习中获得，而纯粹知识也就是对事物一般本质的追求和把握。苏格拉底在追求普遍本质的过程中，主要以伦理学为案例。给人的印象，苏格拉底似乎是一位道德哲学家，主要功绩在道德哲学方面。这当然是一个错觉。

柏拉图继承了苏格拉底关于确定性知识的理想，把这种伟大的追求由伦理学上升到一般知识论，发展了一套纯粹哲学理论。柏拉图认为，任何事物都有它内在的固定的本质，这个本质被称为“理念”或“相”。理念以一种超越的方式存在：它并不在事物之中，而在事物之外。是理念决定了该事物成其所是，而不是相反。理念超越于事物，而且成为一事物之所以为该事物的先决条件。一切事物之所以是可理解的，是因为它某种意义上分享（或者模仿）了理念。但是，一切现实的事物都不是完善的，都与纯粹理念之间有差距。要想真正认识某事物，光着眼这个事物是不够的，相反，应该去追寻使该事物成其为该事物的理念本身。为了达到这种理念，就不能够太沉溺于眼前的事物。用现在的俗话说，你要是一个有理想的人，就得要有诗和远方，不要老想着眼前的苟且。

简单说来，柏拉图所推崇的理论是超越的、超经验的，超凡脱俗，不食人间烟火。所谓柏拉图式爱情，指的就是不进行肉体接触的纯粹精神恋爱。

柏拉图以一种特殊的方式，完成了由苏格拉底开辟的寻求确定性知识的传统，那就是先验哲学传统。由于数学非常接近理念知识，因此被柏拉图看成是理念哲学的预备训练。

亚里士多德当然也继承了苏格拉底、柏拉图开辟的这一知识论传统。他承认世界的本质在于理念、在于一般本质、在于普遍性和确定性，但是他不同意这个理念是超越的，相反，他认为理念是内在的：理念就在事物之中。如果我们用一种简单的方式来说柏拉图和亚里士多德之区别的话，那就是：柏拉图是超越的，亚里士多德是内在的。亚里士多德认为，事物的普遍本质就在事物之中，而不在事物之外。这是他们的根本区别。亚里士多德有名言："我热爱柏拉图，但我更热爱真理。"（吾爱吾师，吾尤爱真理）讲的就是他们之间既传承又发展的关系。

>> 柏拉图和亚里士多德的区别

柏拉图是超越的，亚里士多德是内在的。亚里士多德认为，事物的普遍本质就在事物之中，而不在事物之外。

因此我们看到，相对柏拉图而言，亚里士多德更加重视经验，更加重视现实的东西。柏拉图总是希望大家从眼前的苟且、肮脏的泥泞、丑恶的现实中超脱出来，去仰望星空，去修炼灵魂之眼，看到恒久的理念。亚里士多德认为眼前的东西也很重要，事物的本质就在事物之中。

△ 图 5.4

油画《博物学家亚里士多德》，弗朗西斯科·海耶兹作于 1811 年，现存威尼斯学院美术馆

我们知道，亚里士多德除了是著名的哲学家之外，也是古代世界伟大的博物学家。他留下的著作中，有超过五分之一的篇幅是动物博物学的著作。据说亚历山大东征的时候，就带了很多博物学家，每到一地就收集资料，包括当地的风土人情、地理物产等，然后写下来寄回吕克昂学园，交给他去处理。所以从某种意义上来说，亚里士多德是一个博物学家，一个经验科学家。

柏拉图要斩断知识跟经验的关联，开辟了先验知识的伟大传统，亚里士多德则把柏拉图过分极端的那一部分，又扳回来一点。他一方面当然承认普遍本质、一般共性是这个世界真正可理解的原因，但是，这个本质、形式不在事物的外面，而就在事物里面。这是柏拉图和亚里士多德的根本区别。

5.2 亚里士多德的科学观念

亚里士多德作为希腊文明的集大成者，表现在两个方面：第一，他本人写的东西多，或者说流传下来的东西多，记录的前人思想也多。当前人的作品丢失之后，只能通过他的作品来了解。第二，虽然他跟柏拉图的思想有区别，但是仍然继承了正宗的希腊精神，即自由的科学精神。关于这种自由的科学精神，亚里士多德有明确的自觉，而且做了系统的阐述。

>> 亚里士多德认为知识有三个类型、三个等级

第一类是经验知识，知其然而不知其所以然。

第二类是技艺知识，知其然又知其所以然。

第三类是科学知识，为自身的目的而存在。

亚里士多德认为知识有三个类型、三个等级。第一类叫经验知识，它的特点就是知其然而不知其所以然。第二类是技艺知识，高级一点，知其然又知其所以然，但是技艺还不是科学。科学作为第三类知识，是等级最高的知识。它和技艺的区别在于，它是为自身的目的而存在的，因而是纯粹的知识、无用的知识。追求为学术而学术，为科学而科学，是典型的希腊科学精神。

>> 科学知识分为三大类

纯粹科学（思辨科学）。
实践科学。
制作科学。

亚里士多德又把科学知识再分为三大类。最高的科学是纯粹科学或者思辨科学，包括形而上学（第一哲学）、物理学、数学。第二类科学是实践科学（practice science），包括政治学、伦理学、家政学。这一类科学处理人间事务、城邦事务，本来也挺高贵，但是因为它有用，沾染了一点功利性，那就不能是最高等级了。第三类科学叫作制作科学，包括我们今天特别推崇、特别热爱的艺术，像雕塑艺术、戏剧艺术等，还包括建筑、医术等实用的科学。这类科学因为功利目的更多，等级就更低一些。

这三大等级的科学划分，除了是否有功利目的之外，还有一个标准，那就是，是否遵循“自然”。纯粹科学是最遵循自然的，因为理论科学作为纯粹科学，本身就是“自己如此”、自然而然的。形而上学作为第一哲学，其实是“追随物理学”（metaphysics），当然要顺从事物自己的逻辑。

制作科学顾名思义就是要违背自然的，所以地位是最低的。比方说那个石头本来是重性的，你使用杠杆去撬，使之变得轻了，这就是改变了“物性”，就有问题。所以力学或者机械学（mechanics）这个词，在希腊文中的意思就是诡计、狡诈。世界的事物本来各归其位，各有千秋，重有重的意义，轻有轻的价值。你把重的变轻了，把轻的变重了，这就是违背自然。你如果到处这么搞的话，宇宙（cosmos）不就不存在了吗？秩序不就没了吗？

今天我们是推崇创新，可在古代人看来，创新算是个缺德的概念。“宇宙”“本来”是如此的完美，你却自作主张弄一套东西出来，那怎么行？在希腊人看来，人能做的只是：老老实实把世界的道理搞清楚。妄想改变世界，那是道德败坏的表现，是很可耻的。

亚里士多德是一个典型的希腊主义者，特别以自己是希腊人而自豪。他喜欢说我们希腊人怎么样怎么样，我们是公民，我们是住在城邦里面的，我们过的才是真正人的生活等等。他在当时就意识到，只有希腊人独自发明了科学，其他民族，比如埃及人、波斯人都没有。他还思考过为什么只有希腊人独自发现了科学，因而提出了自由科学的两个条件：

>> 亚里士多德提出自由科学的两个条件：

一是闲暇。
二是好奇心。

第一个条件是闲暇。你整天为了养家糊口而疲于奔命，那你当然不可能有自由的科学。希腊的奴隶制度，保证了自由民都比较悠闲。再说希腊人，无论富翁还是贫民，对待物质生活都有一种知足常乐的劲儿，对待奢侈生活是鄙视的。从整体上看，希腊民族的日常生活是比较简朴的。除了神庙金碧辉煌之外，普通民居里是比较简单的。希腊的服装，就用两块麻布，前面一块后面一块，中间用一根绳子一捆就好了。他们的生活虽然简单，但是他们有闲暇，而悠闲出智慧。闲暇是自由科学的基础。

第二个条件是好奇心。亚里士多德喜欢说，我们希腊人对什么都好奇，一定要搞清楚，搞清楚就舒服了，这就像人类的孩童时代，不停地问为什么。我们中国人不喜欢小孩老问为什么，总是呵斥说“别老问为什么了，长大你就知道了”，打压了孩子们的好奇心。岂不知，孩子们的好奇心是非常宝贵的创造性之源，应该小心地呵护才行。

亚里士多德《形而上学》开头第一句话就是：“求知是人的本性”。“求知”的前提是“好奇”，因此，某种意义上说，“好奇”是人的本性。我们中国人就是过早地丧失了好奇和求知的热情。现在中国各地办了很多科技馆，但奇怪的是，馆里主要是小孩在玩，而大人主要是带孩子去，自己反而不看。实际上，中国的大人老早就丧失了求知的本性。要是按亚里士多德的思想来说，你丧失了求知的本性，那就已经不算人了。

对于自由科学来说，亚里士多德提到的这两点实际上还不够。20 世纪的大科学家爱因斯坦总结出自由学术的三大条件：

>> 爱因斯坦总结出自由学术三大条件

人必须有免于饥饿的自由。
必须有好奇心。
言论自由。

第一个，人必须有免于饥饿的自由，要有一个基本的物质保障，不至于因为饥饿而生存不下去。这个条件，接近于亚里士多德讲的那个闲暇。

第二个是必须有好奇心。这个说法跟亚里士多德是一样的。其实我们东北人也挺有闲暇的。东北有漫长的冬季，冬季大家就闲着没事干，有充分的闲暇。可是，我们的闲暇并没有转化为对科学的热爱和探索，倒是转化为对语言艺术的热爱。东北人有不少著名的语言艺术家，赵本山、黄宏等，一大堆人，但是，我们缺乏好奇心，所以没有产生科学家。

爱因斯坦还提出亚里士多德没有提出的第三种自由，即言论自由。你有闲暇，也有好奇心，但是社会必须有条件让你有免于恐惧的言论自由。不能因为你讲了话，而让你产生恐惧。社会必须允许你自由地发表言论。亚里士多德之所以没有讲出这一层条件，那是因为在他看来，这是理所当然的，无须讲出来。可是，人类社会又演化了两千多年，这一理所当然的条件居然在许多地区消失了，还需要像爱因斯坦这样的大家大声讲出来。

为什么言论自由这么重要？希腊文的 logos 原来的意思就是说话。正是说话使真理显示出来。真理通常处于隐蔽状态，唯有说话才能使它显现出来。辩证法（dialectics）中的 dia 是相互，lectics 是说话，所以辩证法就是相互说话。最高的学问是辩证法，就是相互辩论。通过自由地辩论去伪存真、去粗取精，使真理在一个动态的过程中，慢慢显现出来。

亚里士多德说，通往科学的道路只能是证明，证明性知识才是科学知识，一种知识如果不能纳入一种逻辑严密的证明体系的话，这就只是一个意见（doxa）。

“意见”是与“真理”相对立的。意见因为没有得到证明，因此是可错的、不可靠的，而真理因为得到了证明，是恒真的。真理要求证明，这是希腊人做出的伟大贡献。

几何学是典型的证明性知识。一切定理都需要从公理和公设以及其他已经被证明的定理中推导出来。证明要严格遵循规则，有些困难是由规则本身带来的。比如，希腊数学有所谓三大难题：化圆为方、三等分任意角、倍立方。这三大难题在今天看来并不难，之所以在希腊时代是难解之题，乃在于希腊人受制于尺规作图的几何作图法则。

△ 图 5.5

古奥林匹克运动场。作者摄

希腊人为何一定要规定尺规作图呢？可能有三个原因：

第一个原因可能来自奥运会的公正平等原则。奥运会比赛的时候，你不能随便使用先进的设备。你作为短跑运动员，不能穿特制的鞋去跑。你作为游泳运动员，也不能穿一身现代高科技制作的游泳服。为了公正平等起见，比赛的时候尽量少用器械，最好是光着，什么服饰都不要。

第二个原因与《几何原本》的公设有关系。《几何原本》有五大公理和五大公设。五个公理是普世公认的公理，基本上都是废话。什么等量等于等量，等量加等量等于等量，等量减等量等于等量之类。五个公设是特别针对几何形状的。第一个公设是，过两点可以作一条直线，第二个公设是已知圆心和半径可作一个圆。因为公设里设为前提了，才能使用相应的几何工具。没有公设的，就不能使用。希腊几何学中的尺指的是直尺，没有刻度的。实际上，如果允许直尺上有刻度，那三大难题也不成为难题。

第三个原因来自柏拉图。柏拉图特别讨厌使用工具，认为几何学的本来用意就是要让人超脱现实的、感性的东西，走向纯粹的理念世界，在几何学操作的过程中当然是越少用工具越好。几何学是利用空间形状来从事演绎推理，难免要作图，但要尽量少使用工具，而且你在推理的过程中不能真的依赖实际作出来的图形。因为几何学上的点是没有大小的、线是没有粗细的、面是没有厚薄的，并不是现实中的点、线、面。几何学上的三角形往往是任意三角形，可是“任意三角形”是作不出来的，因此涉及三角形的几何定理的推理和证明，你不能依赖实际作出来的三角形。

亚里士多德继承了柏拉图关于知识必须得到证明的思想，并且明白地界定成科学知识的根本特征。

5.3 亚里士多德的自然概念

—

亚里士多德是一个百科全书式的学者，在形而上学、物理学、博物学、伦理学、政治学、诗学多个领域都有系统的论著。我们在本书中重点关注他的物理学。

“物理学”一词是日本学者对于英文 physics 的翻译，大概受到了明末清初中国学者方以智《物理小识》的影响。这个译名现在已经通行，但其致命的问题是，掩盖了它与希腊文 physis 的联系。

希腊文 φύσις 译成拉丁文是 natura，译成英语是 nature，而现代汉语学界又追随日本人把 nature 译成“自然”，这样一来，本来是关于 physis（自然）研究的 physics，在中文语境中反而脱离了与“自然”的关联。严格说来，如果把

nature 译成“自然”，那 physics 就应该译成“自然学”。

说到“自然”，我们便触及了一个非常艰深的话题。我们在米利都学派一章里曾经提到了“自然的发现”作为希腊科学诞生的一大标志，但是，以“自然”概念为基础构造一套关于“自然”的理论体系，是从亚里士多德开始的。

按现代哲学家海德格尔的说法,“自然”是希腊人对“存在”的原始领悟，即把“存在”领会为“自我生长、自我涌现”。这种领会与古代中国思想家老子关于“道”的说法，颇多类似。它们都是处在“前概念”时期的“自然”领悟。

希腊人走出了这种前概念时期，把“自然”做成了一个概念。这个概念的基本意思是“本性”。事物有其“本性”，这是希腊人做出的一个伟大的跳跃。这个跳跃代表着概念思维的出现。由“生长”到“本性”这种概念的固化，从米利都学派开始到亚里士多德最后完成。亚里士多德本人在著作《形而上学》中记录了他之前的“自然”术语的这种演变。中国思想并未迈出这一步，始终未以概念的方式来思考“自然”，因此缺乏“自然”概念。中国思想让事物持续处在“生长和涌现”之中：“天何言哉，四时兴焉，百物生焉。”

事物拥有其“本性”“本质”“本身”，就必然会引发“事物”与“事物本身”的分裂：“事物”和“事物本身”是一个东西吗？如果是一个东西，那么“自然”就只能作为“生长和涌现”来领悟，而不能作为“本性”的概念而出现。反之，一旦“自然”作为“本性”的概念出现，“事物”和“事物本身”就成了两个东西：它们分别被称为“现象”和“本质”。

人们早就意识到现象的多样性、易变性，但是希腊人做出了一个惊人的思想飞跃：那多样、易变的现象，并不是“事物自身”，相反，在事物之现象背后的、不变的、恒久的“本质”，才是“事物自身”。

取得了“事物自身”即“本性”的概念，西方科学思维方式才正式登上历史的舞台。何谓“科学思维方式”？追求事物的普遍“本质”，就是“科学”的思维方式。

从米利都学派以来，希腊思想家都以各自的方式来寻求事物的“本质”。米利都学派把这个“本质”说成是“始基”(arche)。泰勒斯说“万物源于水”，始基是“水”。阿那克西曼德说始基是“阿派让”，阿那克西米尼说始基是“气”，各个不同。

爱利亚学派的巴门尼德提出“本质”是“存在”，恩培多克勒说本质是四根，阿那克萨哥拉说本质是种子和努斯，德谟克利特说本质是原子和虚空。所有这些说法，都表达了对“变化”背后“不变化”的“本质”的追求。

柏拉图总结了之前关于“本质”的追求，明确提出了“事物”和“事物本身”的分裂问题。他在《法篇》中说，作为自然物的本质者，并不是通常的自然物。自然物的本质不是自然物。水的本质不是平常的水，土的本质不是平常的土。水的真正本质是水的理念。只有那个被柏拉图认为是“超越”的理念（eidos），才是一切事物真正的“内在本质”。“超越的”才是“内在的”。这是纯粹理性遭遇的第一个悖论。

按照柏拉图的思想，自然物（如土、水、气、火）并不是自然（本质），因此称它们为“自然物”已经是用语不当，因此，柏拉图并没有所谓的“自然哲学”。我们前面已经说过，亚里士多德与柏拉图思想的根本分歧在于，事物的“本质”并非“超越”于事物之“外”，而就在于事物之“内”。因此，某种意义上，亚里士多德拯救了“自然物”之“自然”。通过亚里士多德的工作，我们仍然可以正当地谈论“自然”。

亚里士多德的一个划时代的工作是：正式把“自然”不用成一切事物的“本质”，而用成“自然物”的“本质”。Physis这个词就有了两个义项：一个是原初的含义“本质”“本性”，一个是“自然物”。一直持续到今天的“自然”一词的两种含义（本性与自然物）大概都可以追溯到亚里士多德。在亚里士多德之前，physis一词的主要含义是“本性”，到了亚里士多德，这个词增添了“自然物”的含义。

何谓“自然物”？自然物是相对于“制作物”而言的。自然物是在其内部拥有其“本性”（自然）的事物，而制作物是在其内部不拥有其“本性”的事物。比如桌子，是一种典型的制作物：桌子之成为桌子并非桌子自己能够确定，而取决于许多外部因素。把一张桌子扔出去，这张桌子将越来越不像桌子，最后成为一堆垃圾。相反，一切自然物，都因其自身而成其为自身。比如，一粒种子被扔出去，将自发地发育生长，成为一株小草或一棵小树。植物和动物都是自然物，因为它们都能够“不假他者”“自行其事”，而制作物则不能。

亚里士多德引入了制作物进行对比之后，才明确规定了“自然物”。这种规定，让physis概念再次狭义化：由一切事物的普遍“本性”，降格为“自然物”的“本性”，而自然物的本性在自然物自身之中。

亚里士多德的“物理学”正是关于这种意义上的“自然物”之“自然”（本性）的理论。

这种意义上的“自然物”有两个特点：第一，拥有自己的“本性”（自然）；第二，这种“本性”在自己的内部，不在外部。柏拉图以及之前的一切希腊思想家都承认第一点，即一切事物都拥有“本性”（本质、自然），因此追求本性是理解任何事物的唯一道路。通过概念的方式来理解世界，就是科学思维。希腊人的科学思维首先表现在承认事物有其“自身”“自己”。中国思想没有走出这一步，所以根本上缺乏科学思维。我们的思维可以称之为“诗性思维”，但不是科学思维。

柏拉图秉承科学思维，搞出了一套理念论形而上学，所以，在希腊意义上，哲学就是科学思维方式的硕果。但是，亚里士多德不仅继承了第一点，继承了科学性的思维方式，而且提出了第二点：这种本性就在事物的内部。这样他就独特地开辟了科学思维方式的另一硕果：“自然哲学”（“物理学”）。物理学传统不是柏拉图的遗产，而是亚里士多德的遗产。

亚里士多德搞出了一套自然哲学之后，开始对他之前的科学（哲学）家贴标签。他管那些把事物的本质归结为（他所谓的）自然物（如土、水、气、火四元素，如植物和动物）的那些人，叫作“自然哲学家”。“前苏格拉底自然哲学家”这个说法，就是亚里士多德讲出来的。

其实，这个讲法完全是一种**辉格式**的讲法。读者不可以为，自古以来人们就将存在者领域划分成自然、社会两大领域，前苏格拉底哲学家一直在思考自然的事情，而到了苏格

>> **辉格式（Whiggish）**

把后面才有的想法推及过去，意指选择对自己有利的历史事件，或者从历史事件中剥离出对自己有利的观点来论述和证明自己的政见。

拉底，把思考的重心由自然转移到了社会领域。这是一种时代错位的错觉。对前苏格拉底哲学家来说，当他们写作《论自然》这样的著作时，他们并不是在研究“自然物”，而是在研究一切事物的“本性”。就此而言，他们并不是“自然哲学家”，而就是“哲学家”。他们之所以被称为“前苏格拉底自然哲学家”，完全是亚里士多德按照他自己新近确定的“自然”概念追认出来的。

5.4 亚里士多德的四因说

—

理解事物，就要追究事物的“本性”（本质），这是科学思想的发端。过去的哲学家，都寻求事物单一的本性。亚里士多德说，要完整地理解一个事物，需要探求它的四个“因”。他提出了独特的四因说。

>> 亚里士多德的四因说

形式因、质料因、动力因、目的因

所谓的“因”（cause）在希腊文里是“招致”“对此负责”的意思。亚里士多德认为理解任何一个事物及其变化，需要从四个方面来把握“责任者”：

第一个因叫作形式（form）因。我们口语里经常说：“你看你那个鬼样子”。这个说法里的“鬼样子”，差不多就是亚里士多德所说的“形式因”。“样子”就代表着“本质”。这是希腊思想非常独特的方面。在中国思想里，“大象无形”，可是在希腊思想里，“大象有形”，唯“形”而成其本质。我们有时说“我看你就不像好人”，这里也是“形式因”的思想。为什么“看”就能看出来呢？那是因为我们相信，我们“看”出来了一个人“本质”的方面。

第二个因叫作质料（material）因。当我们说“他就不是那块料”的时候，就是在诉诸“质料因”。他不是那块“料”，这件事他就干不成，这里的“料”就是质料的“料”。

第三个叫动力（effect）因。动力因就是我们今天比较熟悉的那种“直接的”“立即见效”的原因。比如，“你为什么倒在地上了？”我们通常会诉诸直接的原因：“他把我推倒了”或者“我绊了一下”。

第四个叫目的（telos）因。这个因可能是最重要的一个因，但也是现代人最不熟悉的一个因。希腊人相信世界是一个有机体，凡有机体都有“致善”的倾向，都有“追求完美”“止于至善”的冲动。这种倾向和冲动都是内在的，不是外在的。希腊人把宇宙看成是 cosmos，cosmos 的基本意思就是和谐、有序、完美。这种完美体现在宇宙的圆球形状、天球的匀速圆周运动之上。在 cosmos 这里，体现了一种真、善、美的统一。

今天的科学不承认目的因。在物理学家眼里，一个石头落地会有什么目的呢？它就是由于地球的引力而落下来，并非石头本身有什么内在的目的。彻底否定亚里士多德的目的论，是现代科学的主要特点。不仅物理学，就是生命科学也是坚决否定目的论。我有时候开玩笑说，由于否定了目的论，现代生命科学实际上不是“生命”科学而是“死命”科学。说一个事物有目的，无非是说它是“活”的。否定了目的因，就否定了世界的“活”性。

为了解释这四因，亚里士多德举了王冠的例子。他说，王冠的形制是它的形式因，黄金是它的质料因，举行登基大典是它的目的因，而工匠则是它的动力因。实际上，在这四因里，目的因起着引导作用，引导工匠把特定的形式注入特定的质料之中。亚里士多德举一个制作物为例来谈论四因是明智的，因为，在制作物这里，四因是相互分离的，可以看得清楚分明。

但是，对于自然物而言，四因其实可以归结为两因：形式因和质料因。对自然物而言，一个事物之所是的“本质”在它的内部。这个本质首先是形式因，但这个形式因因为有质料的阻碍，并没有一步到位地实现，它因而作为目的因规范着自然物的发展方向，因此，形式因同时又是目的因。

对自然物来说，形式因还是动力因，因为自然物变化发展的动力来自内部，是一种自我奋进，因此，能够成为动力的，只能是形式因。然而，形式何以能够成为动力呢？有一句俗话说：“榜样的力量是无穷的。”这说的就是形式因如何成为动力因。形式作为最完美、最完善者，在我们的世界中是不可能完全实现的，然而，它虽然不能完全实现，但是作为“标准”和“理想”却吸引着事物朝着这个方向发展。这样的一种“吸引”就构成了“动力因”。

5.5 亚里士多德的运动概念

一

运动问题是希腊自然哲学的主要问题。

现代所谓运动是比较狭窄的，通常指的是空间位置的改变。在希腊，运动概念更加宽泛，既包括量变，也包括质变。既有空间位置的变化，也包括性质的改变。温度下降、脸色变红、脾气变坏，都属于运动的范畴。赫拉克利特高调强调运动。他的名言“一切皆变，无物常住”“人不能两次踏进同一条河流”，说的都是运动和变化乃宇宙的基本现象。

可是希腊科学性的思维方式着眼的是“本质”和不变性，因此，“运动”就成了一个大“问题”。按照希腊人对世界的理解，“变化”根本上就是一个令人迷惑不解的事情。

我们中国人没有这个问题。变化在我们看来是理所当然的事情，宇宙就是一个巨大的变化之流，所有人在里面，要么随波逐流，要么屹立潮头。我们认为变化是再自然不过的事情，无需解释、无需疑惑。

希腊人不同，他们对变化有深刻的不解和“迷惑”。这种不解和迷惑最早是由巴门尼德提出来的。巴门尼德有一句名言：“存在者存在，不存在者不存在。”我们也可以把这一句翻译成“是就是，不是就不是”。干净利落，斩钉截铁，有着令人无可置疑的逻辑力量。

如果说“是”是“是”不是“不是”，那“变化”是如何可能的呢？因为所谓变化，无非由“存在”变成“不存在”，由“不存在”变成“存在”。无中生有，有中生无。既然巴门尼德把“是”和“不是”说得如此差异分明，那这种“变”是如何可能的呢？

这样一来就麻烦了，变化就很奇怪了。可是我们分明知道这个世界的确充满了变化，阴晴圆缺，四季不同，时而这样，时而那样。这一切又是怎么回事呢？

在前苏格拉底时期，如何处理变化问题有一个普遍采纳的方案，叫作构成主义方案。其基本思路是：事物表面看起来变化了，其实并没有变化。世界的基本盘还是“不变者”，之所以世界看起来变化了，只是那些“不变者”在微观层面重新组织的结果。构成主义的意思是，我们眼前看到的诸多变化，其实是由微观层面上的不变者以某种方式重新组合造成的。

比方说，水是怎么变成蒸汽的呢？用构成主义来解释就是，水变成蒸汽其实是表面现象，因为水分子还是水分子，没有变化，只不过水分子的空间距离发生了变化，有时候稀一点，有时候密一点，当密的时候就变成水了，稀的时候就变成气了。这种方案是把变化由“水”本身转移到水分子的空间和时间或者数量上。

把变化还原为不变化，这是一个非常伟大的思想。这个思想支配了前苏格拉底哲学家的大多数，也被现代科学所认可和采纳。现代科学一致相信，我们宏观上的所有变化，都只是微观上的某些不变者的数学排列的不同。我们可以使用方程把这些数学排列计算出来，因此我们也可以预言这个事物的未来变化。

前苏格拉底哲学家提出了三种构成主义的方案，分别是：种子论、元素论、原子论。

原子论是我们最熟悉的，因为现代科学采纳了这个方案的变体。原子论说一切事物的表现变化，其实都是原子的聚聚散散、分分合合，原子本身是不变的。

但是，这个方案有一个逻辑上的缺点。原子论预设的基本不变的东西其实有两个：一个是原子，另一个是虚空。“原子”加“虚空”构成了世界。原子问题不大，麻烦的是那个虚空。你说虚空是“有”还是“无”。你说它有，它又无，说它无，它又有。说“虚空”“存在”，本身就是自相矛盾的。正因为此，柏拉图严厉拒绝了原子论。

与原子论不同的种子论是一个叫阿那克萨哥拉的人提出的。阿那克萨哥拉是爱奥尼亚人，后来希波战争把他们的故乡给占了，他就跑到雅典去了，并且继续传播他的种子论。种子是任何事物的微观形态。比如，酒是由酒的种子构成，杯子是由杯子的种子构成，桌子是由桌子的种子构成，书是由书的种子构成。

如果只是这么说，那就基本上只是废话，而且也没办法解决变化问题。种子论解决变化的方案是：任何事物里面都拥有所有事物的种子，这样就可以解释，杯子怎么能变成垃圾，怎么能变成碎片，因为它里面也有垃圾的种子、碎片的种子。当然，也有其他事物的种子，只是没有表现出来。

细想想，他这个解释非常牵强。种子论固然解释了变化何以发生，但由于种子无穷之多，实际上没有办法解释为何变成这个东西而不是另一个东西，因为在种子论看来，一个东西变成任何一个东西都说得通。所以，大家觉得这个学说没什么解释力。种子论最后也衰落了。

元素论的生命力持久一些。元素论认为世界上万事万物都由四元素（土、水、气、火）所构成。四元素不多不少。元素如果少到只剩下一种，像米利都学派的泰勒斯那样，就无法解释为什么“火”也源于“水”。我们都知道，分明是火水不容嘛。元素论也没有让元素的数量多到无穷多，像种子论那样。四元素是比较好的变化理论：它认为世界一切事物都是由本身并不变化的四元素构成，一切变化不过是四元素搭配的变化，以及元素之间的嬗变。

在希腊古典时期，包括亚里士多德在内，有很多人相信元素论。

▷ **图 5.6**

元素构成图

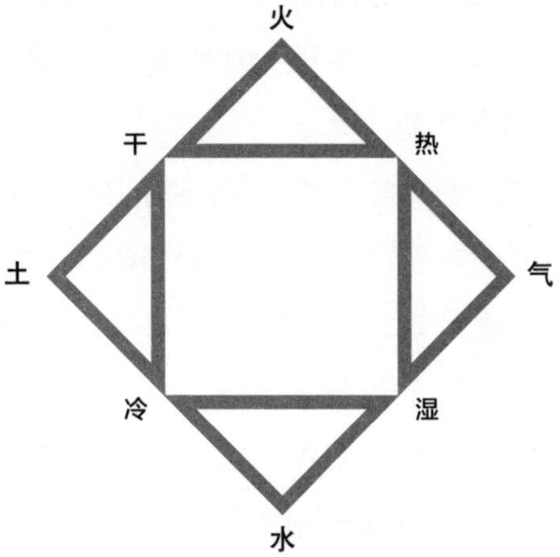

火 = 热 + 干
气 = 湿 + 热
水 = 冷 + 湿
土 = 干 + 冷

亚里士多德不仅承认四元素论，而且对四元素做了进一步的还原。他说，四元素实际上是事物中普遍存在的两对性质搭配的结果：热和冷，湿和干。热加湿就是气，热加干就是火；冷加湿是水，冷加干是土。到了热冷湿干这个层面，就不能再还原下去了。

我们应该注意到元素论和原子论的不同之处。元素实际上是性质的组合，而原子论是实体的组合。原子论可以导向一个定量的还原方案，而元素只能导向一个定性的还原方案。亚里士多德的确提出了一套定“性”的运动概念。

今天我们推崇定量，对定性比较轻视，以为定性是初步的、粗糙的认识状态，定量才是深入的、成熟的认识。这其实是希腊以来的毕达哥拉斯—柏拉图主义的基本思想：事物的本质在于其数学特征。正因为数学代表了本质、本性，才会有“质还原为量”的方法论。但是，质还原为量其实也表明，诸种事物之间并无“本质”的差异。或者更明白地说，事物并没有自身固有的“质”。

亚里士多德的思想与之相反，他要捍卫自前苏格拉底以来关于“本性”“本质”的思想。他要强调，一切事物皆有其“本性”，而物理学，不过就是关于自然物之“本性”的学问。这个“本性”就是它的“形式”。

可是，自然物作为自然物就在于它还没有完全达到它的“形式”。妨碍它达到其“形式”的是“质料”。用俗话说就是，我们的“肉眼凡胎”限制了我们达到终极的“善”。由于自然物不可避免都有其质料因，它就不是单纯的形式。亚里士多德把单纯的“形式”叫作“现实”，而把形式与质料相混合的形态称之为“潜能”，由潜能向现实的转化就是“运动”。

这种亚里士多德特有的关于运动变化的理解和说明，是由他捍卫事物之“物性”的物理学、四因说直接导出来的，很有逻辑的力量。值得注意的是，他把纯形式叫作“现实”，这与我们今天通行的讲法相反。我们今天往往把事物的那种夹杂着质料的不完善状态称为“现实”，比如我们劝人不要好高骛远时，往往说“你现实一点”。可是，按照亚里士多德的用法，“现实”恰恰是最纯粹、最完善的状态。他把我们今天称为“现实”的状态称之为“潜能”，意思是，暂时不完善但向着完善发展。

按照四因说，形式因兼有目的因和动力因的功能，因此，处在潜能状态中的事物，内在会有变化和发展的冲动。这种对于变化的解释，我们称之为目的论的解释，是亚里士多德独创的一套对于运动变化问题的处理方案。

任何自然物因为有“形式因”，就有独独属于自己的“质性”；因为有“质料因”，这种纯粹的形式即本质就没有实际的实现，而是处在“潜能”状态；因为形式因又兼“目的因”，事物就虽然尚不够完善，但有着朝向完善发展变化的内在冲动。这就是亚里士多德四因说与“潜能—现实”运动说的内在逻辑关联。

很显然，在亚里士多德的运动理论里：第一，根本的运动属于事物自身的内在发展；第二，运动是有目标和有方向的；第三，运动达到了它的目标就终止了，所以运动“有始有终”。

对运动的这种理解与现代人的理解完全不同。按照现代物理学，运动完全是一种与事物本身无关的状态：一个物体处在运动状态还是处在不运动状态，都不改变物体本身，因此，运动也没有内在的目标和方向；运动因为是外在的，因此，它可以是无限的、无休止的。牛顿第一定律说的就是一种无限的直线运动。按照亚里士多德的理论，牛顿第一定律所描述的运动，根本就不是运动，是不可能存在的、无法理解的东西。的确，我们从未经历体验过、也不可能经历体验到牛顿第一定律所描述的那种情况。

亚里士多德的运动理论植根于他的四因说、潜能—现实说、自然理论，有很强的逻辑融贯性和系统性，因此影响深远，不容易被推翻。他的个别错误，很容易被系统整体上的优势给掩盖过去，因此，要想推翻他，只能重起炉灶，创造一套全新的理论体系。欧洲最优秀的头脑花了100年的时间，才搞出一套可以替代亚里士多德物理学的东西，可见，亚里士多德的体系本身是相当有力量的。

5.6 亚里士多德的空间概念

—

亚里士多德的物理学是关于自然物之自然（本性）的学问。自然物可以从两个方面来规定：一方面，与“自然物”相对应的是纯“形式”。纯形式没有运动变化，而“自然物”因为有质料因在其间“掺杂”，不够纯粹，表现出来就是有“运动”。另一方面，与“自然物”相对应的是“制作物”，它们都是不纯粹的、有运动的，但区别在于：自然物的运动源在自身内部，制作物的运动源在外部。这第二方面，我们前面已经说了，第一方面还需要再强调。亚里士多德认为，自然物作为自然物就在于它是运动的，因此亚里士多德有言：“不理解运动，就不理解自然。”

如何理解运动？前面也说了，亚里士多德根据四因说和潜能—现实说给出了一种独特的运动理论，即“形式因”（目的因）引导下的潜能向现实的转化。具体如何转化呢？我们以空间运动为例来解释。

空间和时间在今天是非常核心的概念，但在亚里士多德哲学体系里，空间并不是最重要的概念。尽管不是最重要的，但我们还是可以从中看出亚里士多德运动理论的独特性。

亚里士多德所说的空间，希腊文是 τόπος (topos)，译成 space（空间）并不准确，译成“处所”或“位置”（place）比较合适。严格说来，希腊人并没有现代人比较熟悉的“空间”（space）概念。因为，现代人的空间概念包含了“处处均匀、各向同性”的普遍性特点，而亚里士多德的位置概念，恰恰是“处处不均匀、各向不同性”。

第一，亚里士多德的位置体现的是一个物体的内在状态：处在不同的位置，物体便有不同的性质、不同的行为方式、不同的存在方式。实际上，我们在日常生活中谈论人的时候，经常采纳这种观点。比如，“居庙堂之高则忧其民，处江湖之远则忧其君”，“在野”和“在朝”的位置不同，决定了一个传统的中国士大夫不同的心态。“在其位，谋其政”“屁股决定脑袋”说的也是，所处的“位置”决定你做什么事情，如何“想问题”。“位置”决定“存在”。

第二，亚里士多德认为，任何一个物体都有一个独独属于该物体的“自然位置”（natural place），或者叫“本性位置”。也就是说，任何事物因其“本性”而“各有其位”。这个“位”就是亚里士多德所说的自然位置。

物体有自然（本性）位置，意味着，如果该物体正好处在这个位置，那它就不会运动，因为处在这个自然位置，就说明它已经实现在它的空间方面的“现实”；反之，如果这个物体不处在自己的自然位置，那它就有一种天然的倾向，向着自己的自然位置回归。这种向着自己自然位置的回归，亚里士多德称为“自然运动”。就像“水往低处流，人往高处走”，亚里士多德的空间概念实际上具有引导性和规范性。

通过“自然位置”的概念，“潜能”和“现实”得到规定。你在你的自然位置上，你就获得了你的“现实”，你不在你的自然位置上，你就只是“潜在”的你，还不是“现实”的你。所有的物体都有回到自己“自然位置”的倾向，这就是“自然运动”。“自然运动”就是由潜能向现实的转化过程。

亚里士多德认为地上世界由四元素组成，分别是土、水、气和火。四元素在希腊人的宇宙体系中位置不同：土是重性物质，居于宇宙的中心；水是次重性物质，居于土的表层；气是次轻性物质，居于水的表层；火是轻性物质，居于气的表层。这样一来，四元素就形成了四个圈层，一个套一个。其中的土（earth）就是地球（earth），居于宇宙的中心。与柏拉图的数学“齐一化”不一样，四元素各安其“位”，乃成宇宙（cosmos）。

与“自然运动”相对应的是“受迫运动”。受迫运动指与自然运动相违背的运动，因而需要有外力的维持。外力一旦消失，受迫运动就不能发生。按照亚里士多德的理论，一

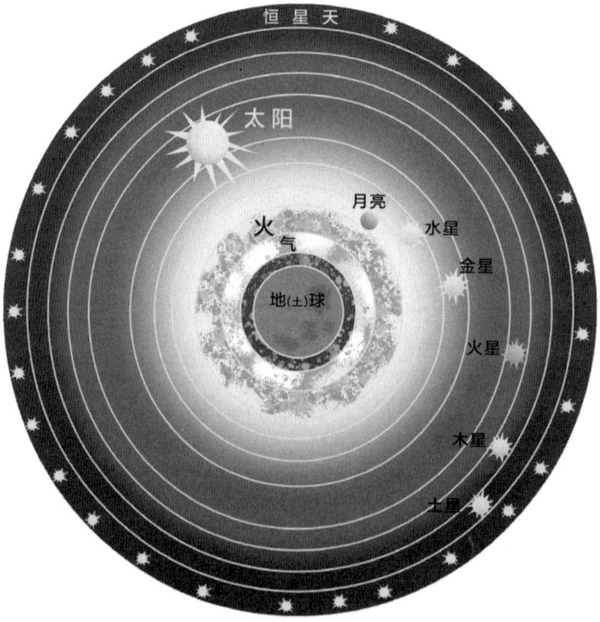

◁ 图 5.7

地界的四元素分布图

块石头自由下落，这属于天然运动，因为石头的主体是土性物质，有着朝向地心（自然位置）运动的天然倾向；一块石头被抛向空中，这属于受迫运动。没有一个石头会主动往上走。一切受迫运动，都必须有外力去刺激去维系，没有外力就不可能有受迫运动。

在自由落体的情况中，不同的物体会有不同的天然运动。有的物体同时含有不同重性或轻性的物质，因此就会有不同的自然运动的表现。含重性物质多的物体，下落得就快，含重少的物体，下落得就慢。这件事情到了近代遭遇到了伽利略的质疑和否定。伽利略的意思是，一切事物其实并无质的差异，只有量的差异。只有量的差异的物体在下落的时候，就没有区别。

在受迫运动的情况下，亚里士多德也遭遇了一个麻烦。一块石头被抛出去之后，明显不再受外力的作用但仍然可以运动一段时间，这与他所说的“力是维护运动的原因”的说法相悖。亚里士多德生前，吕克昂学园里大概已经有学生提出过异议。之后一千多年，亚里士多德学派的人都在想办法为他“打补丁”，直到伽利略利用这个漏洞，彻底地颠覆了亚里士多德的物理学。

一个理论有个别漏洞也是常事。一般来说，人们不会因为有少数漏洞就把整个看起来不错的理论给抛弃。亚里士多德的物理学就属于这种情况。除了抛物体的运动这种极个别的困难之外，亚里士多德的物理学整体表现是不错的。

第三，亚里士多德否定虚空。现代人相信有虚空，认为没有虚空就无法运动。亚里士多德的看法相反，在虚空中，运动无法理解。

>> 亚里士多德的位置概念

第一，位置体现出物体的内在状态。

第二，物体都有一个独属该物体的“自然位置”。

第三，否定虚空。

亚里士多德提出了两个论证：

第一个论证是说，虚空是一个自相矛盾的概念。此前，已经有人指出原子论思想中的“虚空”是一个自相矛盾的概念。亚里士多德进一步指出，“虚空”就其定义而言，指的是“空无一物的位置”，可是“位置”就其定义而言，指的就是“某物体的周遭环境”，如果“空无一物”，怎么会有“位置”呢？因此，这个定义本身就是一个自相矛盾的定义。

第二个论证说，“虚空”就其“空无一物”而言，是无差别的。在无差别的情况下，无法提供运动的条件。在亚里士多德看来，一切运动要么是自然运动，要么是受迫运动，而受迫运动又是基于自然运动而定义的，因此，一切运动的本质归根结底是自然运动。自然运动基于位置的差异。若是没有位置的差异，物体也就没有从一处向另一处运动的内在动机。在无差别的虚空中，运动不可能。

反过来，在一个充满的宇宙中，运动是如何可能的呢？希腊人认为，宇宙尺度的最基本运动恰恰是圆周运动，也就是循环转圈运动。这种运动并不需要事先准备一块“空”地方。就算物体挤得密密麻麻，也一样可以循环运动，因为它们可以依次为它者提供“空处”。

希腊人推崇圆周运动。他们认为圆周运动乃是无须解释的天然运动，就像牛顿力学里的匀速直线运动一样。牛顿第一定律一举扭转了把匀速圆周运动作为天然运动的希腊传统，开辟了把匀速直线运动看成天然运动的传统。这完成了从封闭世界到无限宇宙的关键一步。

用直线运动来取代圆周运动的天然运动的地位，与对“虚空”的态度有关。承认虚空才能承认直线运动的优先性，

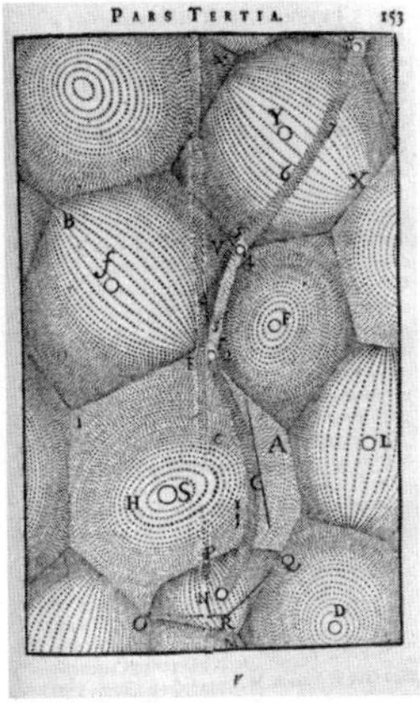

△ **图 5.8**

笛卡尔的涡旋世界图景，见于笛卡尔《哲学原理》1644 年阿姆斯特丹版

不承认虚空则必定导致圆周运动的优先性。即使到了近代，笛卡尔因为不承认“虚空”，所以把“涡旋运动”这种循环运动看成是宇宙间的主要运动形式，牛顿承认有虚空，才把匀速直线运动提到优先位置。

现代思想承认虚空的存在，必然会遭到亚里士多德式的质疑：在一个处处无差异的虚空中，A 点和 B 点没有区别，那么物体从 A 点到 B 点，究竟改变了什么？如果什么都没有改变，何以称之为“运动”？科学史家柯瓦雷说牛顿物理学实际上创造了“不运动的运动”这样新奇的概念。这的确是一个非常深刻的问题。

实际上，牛顿第一定律已经把静止和匀速直线运动置于等价地位，所以，我们完全可以说，现代科学已经取消了“运动”问题。

5.7 亚里士多德的现代意义

以现在的眼光看，我们可能会觉得亚里士多德很蠢，连牛顿第一定律这样简单的事情都搞不明白。可是，你要反过来看，为什么亚里士多德这么“愚蠢”的理论，伽利略、牛顿这些伟大的头脑要花这么长的时间才能推翻呢？形式上的原因是，亚里士多德的理论体系自成一体、相互支撑，你很难“攻其一点、不及其余”；实质上的原因是，亚里士多德代表了一种特定的世界观，这种世界观不仅是原始的，同时也具有某种永恒的意义和价值。要颠覆这样的世界观，不是那么容易的。甚至到了今天，现代科学非常发达的时代，亚里士多德的物理学仍然具有深刻的启发意义。

亚里士多德物理学的核心是要呵护每一个物体的“物性”，而“物之物性”在今天已经沉沦。“物”都被功能化，成为人类的资源或垃圾，“物”不再散发着它“诗意的感性光辉”。在现代性危机越演越烈的今天，亚里士多德的物理学可以重新焕发它的生命力。

亚里士多德物理学的基本原则，归结起来就是，事物有其“自己性”：自己的特性、自己的位置。物体的一切运动变化，都必须基于事物之“自然”（本性）来理解。因而，他的物理学是定“性”物理学，是“目的论”物理学，是富有“生命”“活力”的物理学。在这里，物之物性得以保全。

现代物理学否弃了目的论，把“物”只看成是僵死和被动的东西；通过自然的数学化，把物的差异还原为数学上的差异，因此也否定了“物”之“独特性”。万物在数学面前被“齐一化”。齐一化带来了世界的无差异化，无差异化带来了世界的“无意义化”。在现代的世界图景中，“事实”和“价值”从此分裂开来：从事实推不出价值。

以石头下落为例。是石头就一定要下落，这是事实。但对希腊人来说，它同时也是一种价值：“让”石头如其所是的“下落”，这是对“自然”（本性）的遵从，因而是一种有价值有意义的事情。

在现代物理学看来，事物没有自身的内在属性和价值。石头之所以下落，不是因为它是石头，而是因为它有质量，但是“有质量”并不是石头的独特的“物性”，因为其他物体也有质量。石头与其他物体的区别，只是质量不一样。根本上说，石头与其他事物并没有本质的区别。因此，石头下落并不是一件有意义、有价值的事情。它是一件“中性的”事实而已。

如果“价值”不能从物理世界的“全同”物质中找到，伦理学家就只能从人的主观世界中寻找价值的源泉。这样一来，价值观变成了个人主观的东西，就必然导致很可怕的伦理相对主义。在伦理相对主义看来，就没有什么客观的价值标准可言了。人类生活就必定陷入深刻的混乱之中。

以亚里士多德为代表的希腊目的论物理学，保全了“事实”和“价值”的统一性。“宇宙”作为cosmos，是真、善、美的统一。

现代用universe取代了cosmos，宇宙本身丧失了目的。如果宇宙没有目的，人类的生存意义又何在？如果人的诞生是偶然的，人的进化也是偶然的，那我们又为什么要忧虑未来？以色列历史学家赫拉利的名著《人类简史》弘扬了一种进化史观，获得了广泛的赞誉，但他有一个致命的缺点，那就是：他一方面坚信进化主义的历史观，另一方面又忧虑人类的现代和未来。这里面就有一个深刻的内在矛盾：你既然相信人类的一切都不过是偶然进化的产物，那就随它去呗，爱咋地咋地，还忧虑什么？

在现代牛顿科学世界观里，空间处处一样，完全丧失了“位置”的属性。这种空间观的逻辑后果之一是，地球也只是我们暂住的一个“宇宙飞船”，并不是我们人类“命中注定”的“家园”。在无限的宇宙中，我们实际上无“家”可归，无“处”可去。

牛顿的世界观是现代人类精神生活的基础。现代性的诸多危机，理论上说都可以追溯到牛顿力学第一定律。这个定

△ 图 5.9

油画《牛顿》，威廉·布莱克作于 1795 年，现藏伦敦泰特美术馆

律，可以说就是现代性的“原罪”。赞扬牛顿的诗歌说，“天不生牛顿，万古如长夜”，但是，牛顿一出生，我们的世界就变得“空空荡荡”。从此后，茫茫宇宙，无边无际；我是谁？从哪里来？到哪里去？这些问题在现代科学的世界观里都是无法回答的，这就是我们今天重温亚里士多德物理学的意义。

亚里士多德的物理学就是“自然学”，而“自然”在今天已经很“不自然”了。今天我们经常讲的“自然”和古希腊提出的“自然”是完全不同的概念。

按照希腊人的界定，现在的“自然”其实并不是真正的自然，而是由实验室人工构建的制作物。比如说，元素周期表最后的几个元素，在自然界中原本是不存在的，是通过实验设备搞出来的。但是我们深信这就是自然的东西，是自然的一部分。然而从亚里士多德物理学的角度来说，这是人工物，不是自然物。它们是实验得出的，是不自然的。

不过，吊诡的是，今天的实验科学垄断了“自然”这个词，将人工与自然结合在一起，抹平了“自然”与“人工”的界限。但另一方面，由于“自然”被认为是事实的领域，推不出价值，自然科学的“自然”因此丧失了对人类行为的规范性，使得“回归自然”这个口号，只能由另外一些人，诗人、宗教人士、环保人士来喊。结果就是，“自然”这个词也分裂成了两半。两伙人喊的“自然”，都不是一回事。

亚里士多德的物理学（自然学）所说的“自然”才是最完整的自然。它可以根据物之“物性”来推出应该做什么，不应该做什么。每个事物在宇宙中都有它固有的“位置”。一切事物各归其位，各就各位，世界才有秩序，才成为 cosmos（宇宙）。

今天我们讲亚里士多德的物理学，并不是要否定现代科学的伟大成就。它的伟大性是毋庸置疑的。但是我们一定要明白的一点是：现代科学的伟大成就是有代价的，这个代价就是事实和价值的分裂、科学与人文的分裂、物质与精神的分裂、物质与空间的分裂，一系列的分裂。

我们似乎也可以说，亚里士多德之后再无“物理学”（自然学），牛顿只是继承了“物理学”这个名字而已。

第 6 章
希腊数理天文学：古代科学的范本

只有人类看天，动物不看天。自从人类直立行走、头颅高昂，就有看天的可能性。观天是人类文明的一大标志。所有的文明，高级的或低级的，都有自己的天文学传统。但是，正因为天文学是文明的标志，不同的文明就有不同的天文学。尽管人类看到的是同一个天空，但却创造了殊为不同的天文学。在所有的文明里，只有希腊人把天文学发展成为科学。

6.1 天文学的起源

一

天象留给人类两个最强烈的印象：一是它的居高临下、笼罩一切；二是它的变化的周期性。

人类的直立行走形态，造就了一种绝对的上下方位感：上者为尊，下者为卑。头脑、首领为尊，手下、足下为卑。笼罩一切的天空自然拥有宇宙间最强大的支配性。几乎所有的神话都把神称为“天神”，是高高在上的。在中国文化中，有天、地、人三才的说法，其中天居支配地位。

正因为上天的支配性，人们才有了了解上天的强烈动机。通过观天，领会上天的意志，理解命运的曲折，把握人生的机会，这是诸多古老文明发展天文学的基本动机。所以，在原始时期，天文学与占星学无法区分。它们共同动机是通过观天领会宇宙支配者的意志，为人间生活提供指南。

天际运动的周期性，提供了时间测度的基本标准。

第一个最显著的周期运动是太阳在天空的周日运动，以及与太阳运动相伴随的天上诸星辰的周日转动。天上的所有星体，无论大小，一律东升西落，而且步调一致、周而复始。这个周期运动的单位被称为“日”，因为这个周期运动最明显地体现在天上最亮天体“太阳”的周日运动之中：白天和黑夜的轮回。拥有“日”这个时间单位，应该是非常久远的事情：或许可以追溯到几十万年前直立人的时代。

第二个显著的周期运动是月亮的运动。月亮除了参与天体的周日运动之外，还有一种自己独特的运动，那就是由西向东的运动。在这个运动过程中，月亮的形状也在发生改变，我们今天称之为“相变”：月亮总是由满月慢慢消瘦，变成半月，变成月牙和新月，最后又再次逐渐丰满起来，由半月重新变成满月。月亮的这种周期大概在 29.5 天左右，中国古人称之为朔望月。也就是说，在 29.5 天的时间里，我们就能见到一个完整的月亮相变过程。在月亮的相变过程中，月亮在天空的位置也一直在变化。如果你某天晚上 9 点看到月亮正当顶，那么第二天晚上 9 点，月亮应该就往东偏了一些，七天之后的晚上 9 点，月亮就应该在东边的地平线附近。

“月”这个时间单位的出现应该比“日”的出现晚一些，但也应该是非常久远的事情。目前有考古证据表明，4 万年前旧石器时代的人类已经在象牙上记录月亮的周期运动。英文月亮的词根与“测量”的词根相同，可能意味着，月亮运动的确是最早的时间测量器。

第三个比较显著的周期运动是太阳本身的另一种周期运动。太阳除了有周日循环运动之外，与月亮相类似，也有一个在恒星背景下由西向东的反向运动。这个运动的周期更长，约为 365 天。在太阳运动的这个周期里面，不仅有太阳

>> 三个显著的周期运动

太阳在天空的周日运动，以及与太阳运动相伴随的天上诸星辰的周日转动。

月亮的运动。

太阳本身的另一种周期运动。

位置相对于恒星背景的向东运动，还伴随着太阳高度的变化，以及太阳在地平线上出没位置的变化。此外，也许更加明显的是，在太阳运动的这个周期里面，地面的生命也经历着生长和枯萎的循环。在多数人类文明生活的地区，有明显的气温变化：变暖、炎热、变冷、酷寒。我们将它们称之为四季：春、夏、秋、冬。

与气候的四季周期变化相搭配，太阳在东地平线升起的位置有一个向北和向南来回迁移的变化过程。太阳在地平线升起的最北端称为“夏至点”，最南端称为“冬至点”，在两个至点之间的中间位置称为“分点”。太阳东升位置由南向北移动时，标志着大地气温越来越热，此时的“分点”称为“春分”；反之，太阳东升位置由北向南移动时，大地气温越来越冷，此时的“分点”称为“秋分”。分点代表了正东位置。

太阳在东地平线升起位置的改变，对应着太阳在天空高度的变化。升起位置越南，太阳高度越低，升起位置越北，

▽ **图 6.1**

公元前 2600 年左右英格兰索尔兹伯里平原上的巨石阵，巨石阵的主轴线通往夏至日太阳升起的地方。作者摄

太阳高度越高。太阳高度越高，意味着太阳越是直射地面，地面接受的光照就越多，气温就越高；反之，接受的光照越少，气温就越低。

太阳这种周期性运动，同时体现在地表气温（以及生物枯荣）、地平线上东升起点、太阳高度这三种周期性变迁之中。虽然这个周期单位比较长，达到 365 天，但是，在文明的早期，人类还是发现了这个周期，我们中国人称之为“年”。

年和月都不是日的整数倍数。越是精确的观测，越是会显示这个倍率的复杂性。确定“年”和“月”的精确长度（以日为单位），以及确定年、月、日之间的换算方式，就是历法工作。由于“年”代表了地表上许多生命枯荣的周期，因此农业社会对历法工作十分重视。

天体不只是日月，还有数不清的星星。人类很早就认识到星星有两类，一类是相互位置稳定不变的星星，被称为“恒星”；一类是在恒星背景上来回穿行的星星，中国人称为“行星”。肉眼可见的行星一共有 5 个：金星、木星、水星、火星、土星。无论是东方还是西方，到了有史记载时代，都知道这五个行星。中国古代把日月五星称为**七政**。

>> **七政**

又称七曜、七纬，是古代中国人将太白星、岁星、辰星、荧惑星、镇星称为五星，五星又称五曜，加上太阳星、太阴星，合称七曜。

不动的恒星构成了天空的背景，日月五星的运动根据这个背景来标定。这个背景作为背景和坐标，是通过划分星座来实现的。东西方天文传统的差异，首先表现在星座划分的方式上。

中国古代划分星空的基本单元是“星官”，由星官再组成若干较大的区域。不同时期星官的数目和区域划分的方式也有差异。三国时期出现了 283 个星官（包含 1465 颗恒星）

的说法，沿用到后世。星官之上通常分成三个区域：中官、四象、外官。中官指的是北极附近的区域，分成三垣：紫微垣、太微垣、天市垣。四象是把天赤道和黄道附近的区域分成东宫青龙、南宫朱雀、西宫白虎、北宫玄武四象，每象又分成七宿，四象共二十八宿。外官指的是二十八宿南边的天区。三垣二十八宿是中国古代对恒星背景的基本描述。日月五星就在这个背景上穿行，形成不同的天象。

西方天文学对星空的传统描述来自两河流域。今天我们知道的黄道十二宫就是来自巴比伦。所谓黄道，就是太阳在恒星背景上运动的路线。在这条线左右，巴比伦人标定了12个星座，西方历史上称为黄道十二宫。除了黄道十二宫之外，西方人陆续在天空中划出了不少星座。希腊化时期的天文学家托勒密记载了48个星座（包含1022个恒星）。近代天文学家开始观测南半球的天区，补充了古典文明对南天空无知的空白。1930年，国际天文学联合会将全部天区划分成88个星座，成为现代天文学的统一坐标。

直到轴心时代，各大文明的天文学都做了三件事情：第一，对由恒星组成的图案和天区进行了划分和命名，作为日月五星运行的参照背景；第二，基本搞清楚了太阳在黄道上的运行周期，也就是一年的长度大致在365.25天；第三，基本搞清楚了月亮的相变周期长度大约是29.5天。有些天文学比较发达的文明，对五大行星的行踪也有所了解。

6.2 理性宇宙论：两球宇宙模型

希腊文明不是始原文明、原生文明。它的东边有两河文明，东南边有埃及文明，都是非常古老的文明。希腊人从埃及人和两河文明那里学到了基本的天文知识，继承了两河文明对星座和天区的划分方式。

希腊人对于星座和日月五星有自己独特的称呼。太阳被称为赫利俄斯（Helios），月亮被称为女神赛勒纳（Selene），水星是信使赫尔墨斯（Hermes），金星是爱神阿佛洛狄特（Aphrodite），火星是战神阿瑞斯，木星是神王宙斯，土星是神王克洛诺斯。把天体赋予神话色彩，是古代各民族的共同做法。

希腊古典时代也出现了专业的天文观测家，比如喜剧家阿里斯托芬的《鸟》中出现的天文学家默冬（Merton）。据说，默冬在第 87 届奥运会（公元前 432 年）上宣布了十九

▽ 图 6.2

现存于雅典普尼克山上的默冬天文钟旧址。作者摄。

这个正方形的对角线正对东边的卫城和雅典最高山利卡维多斯山之间。据说方向正对夏至日太阳升起的地方。希腊城邦通常以夏至日为一年之首，因此夏至日的确定非常重要

年七闰的历法规则。希腊人不是农耕民族，对太阳周期不太敏感。他们的历法采纳的是纯阴历，即单纯依据月相划分时间，但需要与太阳周期相协调。默冬发现，19个太阳回归年的长度正好等于235个朔望月（6940天），因此，每19年（若每年12个月，则一共228个月）再加上7个月，就能够把年周期和月周期扯平。

希腊古典时期的天文观测没留下太多的历史记载，因此，我们不清楚其水平如何。但是，希腊古典时代最重要的天文学工作是创立了理性宇宙论以及科学的天文学。

在古典时期，其他民族的宇宙论均是神话宇宙论：把天象及其变化看成是神的行为。古典之前的希腊人和其他各民族一样，有自己色彩斑斓的星空神话。但是，从米利都学派开始，一种理性宇宙论开始出现。

我们在米利都学派一章里提到，理性世界观的要害是“自然的发现”，而所谓“自然”不过就是承认事物有其“自己”。理性宇宙论亦是发现了星空自身的逻辑。这个逻辑不依诸神的意志为转移，当然也不以人类的意志为转移。

理性宇宙论的第一个标志是“天球”概念的引入。天球概念反映了对天空的一种确定性和恒久性的理解。在神话宇宙论中，天象的周期性变化并不看成是同一件事情的周期循环，而是看成天体周期性的生灭。比如在埃及神话里，太阳神阿蒙—拉有两条船，一条是白天在天河上行驶，一条是晚上在暗河上行驶。有了天球的概念，太阳在天空中的运动就是一个单一的运动。再比如，在有些神话中，星辰每天早上在东方被创造出来，傍晚在西方被毁灭，第二天再次在东方被创造出来。有了天球的概念，天上的星辰就不是每日死而复生，而是保持自己的“同一性”。东升西落，只是它们相对于我们人类而言显得在变化，实际上，作为被镶嵌在天球上的天体，它们自身并不变化。在缺乏天球概念的中国古代，人们很长时间不知道启明星和长庚星实际上是同一个星：金星。而对于希腊人，金星出现在太阳的东边（长庚星）还是西边（启明星）是它自身在天际运行的结果。

天球的概念何时开始的，不十分清楚。可以肯定毕达哥拉斯学派已经拥有这样的观念，也可以肯定，到了雅典三巨头时代，天球的概念得到了学者们的公认。其他民族的文明，埃及文明也好，两河文明也好，中国文明也好，都没有明确的天球概念。他们或者视天为一个半球，或者认为“天了无质”，根本没有形状可言。

▽ 图 6.3

1972 年 12 月 7 日阿波罗 17 号拍摄到的地球照片，被命名为“蓝色弹珠”（Blue Marble）

与天球概念相伴随的是地球概念的出现。地球概念的出现是一个伟大的思想成就。直到 20 世纪，人类才有可能飞到太空中看到或者拍下大地的形状，证实大地的确是一个球体，可是，早在此前两千多年，天才的希腊人就已经对地球的概念深信不疑。他们做到这一点，靠的是纯粹理性。

希腊民族是一个海洋民族。海洋民族比较容易感觉到海平面其实并不平。在晴朗的天气下，目送亲友远航的人会注意到，最先消失在眼界中的是船板，而帆和桅杆最后消失。这就说明海面是不平的。如果海面是不平的，那么大地整体上就是一个弯曲的形状。

▽ 图 6.4

海岸目送帆船远行

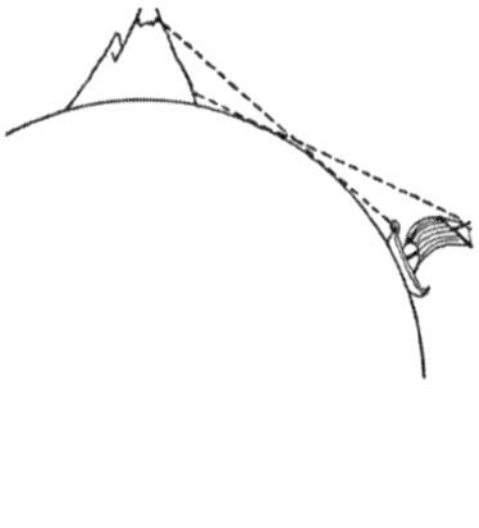

据说希腊人根据月食时月面阴影是一个弧形，推测大地是一个球形。这一推测有许多前提预设：需要预设月食是因为地球遮住了太阳的光线，平时月亮的光辉实则来自太阳。

无论是海上目送的经验，还是月食的解释，都不足以得出大地为一个球体的结论。

让大地成为地球，首先要有一种看待大地的整体眼光。大地是单数还是复数？大地是有限还是无限的？大地是有形还是无形的？地球概念必定是认为大地是一个单数，是有限的整体，是有明确形状和边界的。这些思想应该来自希腊神话。

天空易于作为整体看待，而大地不然。每一个人都可以获得头顶星空的整体形象："天似穹庐，笼盖四野。"但大地并不能给人一目了然的形象。在许多古老的神话里，大地之神并不是主神。苏美尔的神话里，地神排在天神、风神、水神、月亮神、太阳神之后。埃及神话里根本没有为大地专设一个神。只有希腊神话有明确的大地神盖娅女神，而且是初始女神：混沌生盖娅，盖娅生诸神。

从神话开始，希腊人就以整体的眼光看待大地。希腊诸神是有形体的。不同于基督教的上帝，希腊诸神与人类同形同性，区别在于一是不死，二是身体完美。神是有形体的，天和地也是有形状的。

米利都学派的泰勒斯最早把大地看成是一个浮在水上的扁平圆盘，阿那克西曼德把大地想象成一个鼓。阿那克西曼德虽然没有提出"地球"概念，但他完成了一个重大的逻辑飞跃：让"地鼓"居于圆球宇宙的中央。不仅如此，他还提出，由于地鼓居于宇宙的中心，因而是不运动的。因为它离天球上每一个天体都保持相同的距离，所以没有任何理由往任何一个地方运动。

居于圆形天球中央的"地鼓"逻辑上应该也是一个球，否则不能满足天球整体上的"球对称"。这一逻辑步骤在毕达哥拉斯学派那里彻底完成。毕氏学派拥有了完整的天球—地球的两球宇宙模型。

亚里士多德在《论天》中总结了大地球形的三大理由：第一，重物的向心运动达成平稳之后，必成球状，这是理论根据；第二，月食因为地球挡住太阳光而成，而月食的阴影呈弧形，这是一个感觉证据；第三，夜间由北方南行，会有新的星辰从地平线上升起，反之，会从地平线上消失，这是另外一个感觉证据。总之，到了亚里士多德的时代，天球—地球的观念已经成为公认的常识。

天球—地球模型被称为两球宇宙模型，是希腊理性宇宙论的基础。天球的概念代表了天界稳定不变的思想。这个思想，就其具体结论而言，是错误的。按照现代科学的认识，天界其实和地界一样，处在持续的变化之中。但是，就其思维方式而言，恰恰是科学思维方式的源头：科学的目标，本来就在于透过多样、复杂、变化的现象，看到背后单一、简单、不变的本质。对这种“不变性”的诉求，希腊人最早在天空中实现。尽管现代科学打破了希腊人天地二分、地变天不变的思想，但继承了现象—本质二分的思想，追求不变性仍然是现代科学的基本目标。

以天球套地球为基本架构，希腊人为宇宙构思了一个特殊的形象，这就是 cosmos。

Cosmos 这个词一般中文译成“宇宙”，但其实很不贴切：一来西文的 universe 也译成“宇宙”，“宇宙”没有显示出 cosmos 和 universe 的区别；二来没有译出 cosmos 的内在含义。在希腊文里，cosmos 是与 chaos（混沌）相对的词，意为“秩序”“和谐”“整体”，中文里其实很难找一个与之相对应的词。现在也有些希腊哲学史家把它音译成“科斯莫斯”。

Cosmos 有四个方面相互关联的意思：一是“整体”，表达了希腊人把宇宙看成是一个有限的球形体；二是“秩序”，表示这个有限的球体是有结构的，其中地球居中，其他天球层层相套，构成一个有心秩序；三是“和谐”，表明诸天球之间存在着某种数学上的特定比例；四是“完美”，表现了宇宙本身拥有一个极美的结构和形态：球体是美的，匀速圆周运动也是美的。在这四种意思中，“球”的形象贯穿始终。

希腊人把宇宙看成一个球形，主要是纯粹理性的考虑。比如亚里士多德认为，球体具有最大的包容性（相同的表面积，以球体所包围的体积最大），因此最适合作为宇宙的形

▽ **图 6.5**

德尔菲的雅典娜神庙遗址。作者摄

△ 图 6.6

希腊埃皮达夫罗斯古剧场遗址。作者摄

状。巴门尼德认为，球体只有一个表面，是“一”，所以最适合成为唯一宇宙的形状。柏拉图认为，所有的球都高度相似，因此是最适合成为神创世界的形状（神是按照自身的样子创造世界的）。

除了这些理由外，球具有严格的“对称性”也是它成为最“美”形状的理由。圆球是希腊人几何偏好的集中体现。

圆球的确是希腊人民独特的审美偏好。古典希腊有许多圆形建筑，比如神庙和剧场。

法国哲学史家韦尔南（Jean-Pierre Vernant, 1914—2007）认为，几何主义不仅是希腊科学思想的特点，也是其政治社会思想的特色。几何主义与其他神话和宗教习俗中体现出的古代空间观念形成了强烈的对比。这个思想很有启发性。

几何主义空间观念的特点是同质、平权的平等观念。希腊城邦制度是一种自由民平等相处、公正指向的政治制度。在这种政治制度下，决策和权力分配都要受一种公共的理性制约。这种公共理性是通过自由地平等地分享权力而体现。圆的几何学体现了对称、均衡、平等的政治理念，因而受到希腊人的喜爱。柏拉图在《高尔吉亚篇》（508A）中有一段对话："据博学者说，天和地、神和人相互联系，组成了一个共同体，它包含着友爱、秩序、节制和公正……卡利克勒，你如此渊博，竟没有注意到这一点。你忘记了，几何平等不论对人还是对神都具有强大的威力。所以你才轻视几何。"由此可见，宇宙的几何构造有其城邦政治制度的渊源。

不管怎么说，到了古典时代，cosmos 的观念、球形宇宙、天球套地球的观念，都已经在希腊城邦文明中深入人心。

6.3 行星问题：希腊天文学的起源

除了希腊人之外，所有民族的天文学与其宇宙论都是脱节的。只有希腊人，把他们的天文学探索与宇宙论密切结合在一起。在埃及和巴比伦，无论天文观测有些什么新的发现，都不会影响他们的神话宇宙观。在中国古代也是一样，对天体运动的观测没有对采纳哪种宇宙论有决定性的影响。中国古代的盖天说、浑天说和宣夜说，从未从天文观测中得到加强或削弱。但是，希腊人的天文学是建立在他们的宇宙论框架之上的。

希腊的理性宇宙论强调两点：第一，天界是稳定而恒久的；第二，宇宙充满了明快的美和秩序。

这两点都不为我们中国古人所认可。在中国文化看来，天地人三才互感互通，因而处在持续的互动和变迁之中。天是一个居支配性的意志存在，了解上天有助于协调和处理人间事务。这正是中国天文学的动机：为制定人间的礼治秩序服务。中国的天文学密切关注和记录天空的任何一种微小的变化，然后破解这种种“天象”包含的征兆和预示，以此制定国家政策、决定军国大事。中国天文学是天空博物学、星象解码学、政治占星术。当然，它也服务于普通人的日常生活，为普通人提供关于“天时”方面的帮助。总之，中国天文学是“礼学”。国家天文台由礼部管辖。天文学是皇家垄断的学问，民间不得私习。

中国天文学的目标根本就不是探究天际的客观规律。由于秉承天人感应的观念，中国人并不相信存在这样的“客观规律”。天象当然是符合天道的，但天道并不是独立于“人道”的一个东西。比如，日全食在中国古代被认为是上天对皇帝德性有亏的一种警告，因而具有强烈的伦理含义。如果你认为日全食是一种“不以人们意志为转移”的客观自然现象，那它就起不到对皇帝进行规范的作用。反正好皇帝也好，坏皇帝也好，都会发生日全食。

只有认为天界就代表着稳定不变的客观秩序的希腊人，才把他们的天文学搞成了科学。

按照现代人的知识，天界实际上是有变化的，希腊人为什么会睁着眼睛说瞎话？实际上，一切的“看”都不是中性的“看”，都是有观念依赖的。机会只垂青那些有准备的头脑，人们也只能看见那些他们愿意看见的东西，而看不见那些他们未准备看到的东西。像太阳黑子从未出现在希腊人的记录之中，他们一定会认为那只是我们的眼睛看花了造成的。新星（新出现的恒星）一定也被他们当成是某种偶然现象而予以忽视。事实上，希腊人把一切来自上天的变化都归结为“大气现象”，认为它们是月下天的现象。彗星、流星、银河、星云，也许还有新星、超新星，都被认为是“气象”。西文气象学一词 meteorology 的词根 meteor 在希腊文里，指的就是流星和彗星。

总归，在希腊人看来，上天是完美的、不变化的。所有的星体都固定在天球上，随着天球而匀速转动。天体自身无生无灭、无运动变化。天体只是因为钉在天球上才随着天球运动。严格说来，只有天球运动，没有天体运动。而天球运动，采取了最完美的运动形式：匀速圆周运动，是一切运动中最不像运动的运动。天球的运动没有离开自己的位置，近乎不动。

如果上天只有恒星，而所有的恒星都固定在一个天球上，绕地球做匀速转动，那就万事大吉了。天空秩序井然、大美壮丽，我们除了张着惊异的嘴仰望星空之外，也无事可做了。所幸的是，天上还有行星。

在人类文明的早期，许多民族已经知道天上除了恒星还有 7 个特殊的天体：日月金木水火土。这七个天体之特殊在于，它们除了追随其他恒星每天绕地球转一圈之外，它们各自还有一个由西往东的反向周期运动。月亮差不多每 30 天转一圈，太阳的周期是差不多 365 天。金星和水星跟着太阳，虽然在太阳左右晃动（一会儿在东边一会儿在西边），但平均也是一年绕地球转动一周。火星的周期是 687 天，木星的平均周期是 12 年，土星是 29 年。

问题在于，它们的反向周期运动都是不均匀的。太阳月亮的运动时快时慢。太阳在黄道上的运动，冬天要比夏天更快一些。金木水火土五星除了有时快时慢的问题外，还有逆行。也就是说，它们时而由西向东运动，时而逆行由东往西运动。日月五星七个天体，打乱了希腊宇宙的和谐和秩序，让希腊人大伤脑筋。他们称这七个天体为 planetes（乱走一气的东西），中文将之译成中国天文学固有的“行星”，实际上没有准确传达希腊文的语境和原意。需要特别指出的，太阳和月亮在希腊人看来也是“行星”，也是不规矩、乱走一气的东西。

希腊人没有办法把这七个星也说成是大气现象，于是就遭遇了一个最大的问题：既然宇宙是 cosmos，是有秩序、完美的整体，为何天上有七个不和谐的东西？这就是行星问题。正是“行星”成为“问题”，才诞生了科学的天文学。

行星既然是“天体”，那就一定遵循天界的运动法则：以天球的方式匀速圆周运动。现在我们“看到”的行星运动是混乱不规则的，那就说明“现象”和“本质”发生了分裂。我们需要透过现象看本质，这就是“拯救现象”。

“拯救现象”据说是柏拉图向他的学生们提出来的，但不见于现存的《柏拉图全集》之中。公元 6 世纪的辛普里丘在他对亚里士多德《论天》的注释（流传至今）中提到，古代有天文学家传说，柏拉图曾经向他学园里的学生们提出了一个问题：“假定行星做什么样的均匀而有序的运动，才能说明它们的表观（视）运动”。这个问题被后人称为“拯救现象”的研究纲领。

柏拉图学园里的学生欧多克斯（Eudoxus，公元前 4 世纪）是拯救现象纲领的第一个实践者，因而成为科学的天文学的开创者。

欧多克斯的方案是采取匀速圆周运动相叠加的方式，来模拟行星的不规则视运动。他让行星固定在一个天球上匀速转动，但是，这个天球的直径并不静止，而是固定在另外一个天球上，并且两个天球的直径成一定的角度。当两个天球同时匀速转动的时候，行星就同时参与了两个不同的匀速圆周运动。两个运动叠加的结果是，行星走一个 8 字形的路径。欧多克斯就这样解释了逆行现象。

把表面上的复杂、无规运动分解成简单、规则运动，这是典型的现代科学方法论。伽利略为了处理地面上复杂的运动，使用的就是这种分解法。比如抛物运动，可以分解成水平的匀速直线运动和垂直的加速运动，一下子就把问题解决了。但是，这种科学方法论的创立者和最早实践者是古代希腊的欧多克斯。

欧多克斯的宇宙模型被称为同心球模型，因为行星参与

▷ **图 6.7**

同心球模型

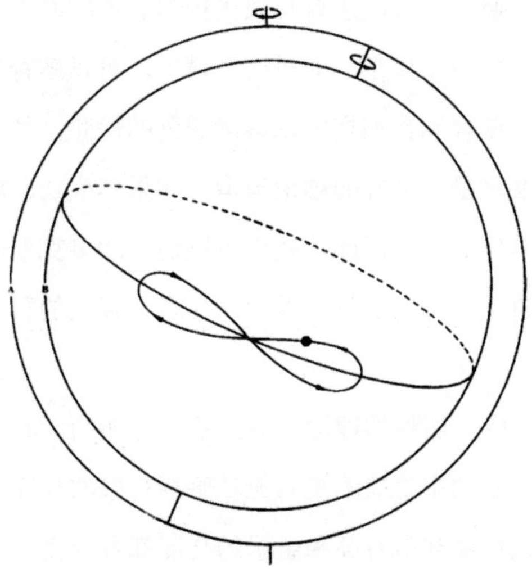

的所有天球运动都有一个共同的球心，不同天球的区别只是在于它们的轴不同。欧多克斯为诸恒星准备了 1 个天球，为太阳和月亮各准备了 3 个天球，其他 5 个行星各准备了 4 个天球。欧多克斯的宇宙体系由总共 27 个天球组成。

太阳和月亮既有周日西向运动，又有沿黄道的东向运动，所以需要两个天球。月亮运动不时地偏离黄道，还需要一个球来模拟，所以共 3 个天球。太阳运动不可能偏离黄道（因为黄道就是根据太阳运动来定义的），所以并不需要第 3 个天球。欧多克斯有可能想模拟一下太阳黄道运动的忽快忽慢特征，新加了第 3 个球。5 个行星和日月一样，既有周日西向运动，又有黄道东向运动，故需要两个天球。此外，它们的逆行运动需要两个有轴向差异的天球来联合模拟，所以总共是 4 个天球。欧多克斯的天球体系看起来复杂，却具有清晰的数学简单性。实际上，他可以自主决定是否再添加天球，以“拯救”那些新发现的不规则性。也就是说，这个体系具有可扩展性，面对新的观测证据，可以内部调整。

欧多克斯的宇宙体系具有现代科学必备的两大要素：第一，拥有一个数学模型，通过这个模型，可以解释也可以预测；第二，解释和预测均可以诉诸观测的检验，如果检验成功，就说明这是一个好的理论模型，如果不成功，就调整理论模型以适应观测。因此，我们可以说，欧多克斯的天文学是第一个真正意义上的科学理论，代表着真正的科学天文学的起源。

当然，像一切科学理论一样，欧多克斯的同心球模型有它的缺陷。它的主要缺陷是它无法解释行星的亮度变化。自古以来，人们就知道月亮和金星的亮度都有变化。在同心球模型中，行星任何时候与处于宇宙中心的地球都保持相同的距离，行星的亮度变化只能归结为行星自身的变化，而这是希腊人所不认可的。在希腊人看来，如果行星亮度有变化，那也只是在地球上的人类看起来如此，行星自身作为天体不会有任何变化。这样一来，行星亮度也成了一个问题，成了欧多克斯模型的杀手。

其实，对中国人来讲，行星亮度根本就不是问题，就像行星逆行不是问题一样。所有的问题都来自背后的观念。希腊人的宇宙观念为希腊天文学制定了框架，也造就了问题。这些问题又成了推动希腊天文学发展的动力。难怪著名科学哲学家库恩要说，科学的发展一定是在范式之中的发展。没有范式，根本谈不上发展。

欧多克斯的同心球模型因为行星亮度问题而成为一个短命的模型，流行应该不超过半个世纪。他的学生卡里普斯为太阳和月亮各增加了 2 个天球，为水星、金星和火星各增加 1 个天球，使天球总数增加到 34 个。

亚里士多德差不多是欧多克斯的同代人，采纳了他的同心球模型。不过，亚里士多德把欧多克斯的 27 球宇宙数学模型改造成了一个物理模型。所谓数学模型是说，欧多克斯并不在意这 27 个球的物理材质是什么，甚至也不在意是否真的存在这 27 个物理球。物理模型则是说，这些球是物理上真实存在的。亚里士多德认为，有鉴于这些球全部都是层层相套，而且所有外层天球的运动肯定都会以物理的方式传递给内层天球，因此，一个物理上真实的同时又能够拯救现象的宇宙体系，一定要包含一些额外的天球，以抵消外层天球的运动，否则的话，这么多外层天球的运动都传递给内层天球，行星运动就不可能如同它所是的那样运动。为此，亚里士多德添加了 22 个天球，主要功能是抵消上层天球的运动，形成了 56 个天球的同心球体系。由于亚里士多德的巨大权威，后世的宇宙体系都或多或少采纳了他的天球层层相套的同心球模型。

为了解决行星亮度的变化问题，希腊化时期的天文学家创造了本轮—均轮模型。其基本方案是，行星所在的天球称为本轮，本轮的中心置于另外一个称为均轮的天球之上。当行星同时参与两个天球的转动时，它离宇宙中心的距离会发生变化，这就解释了行星亮度的变化。

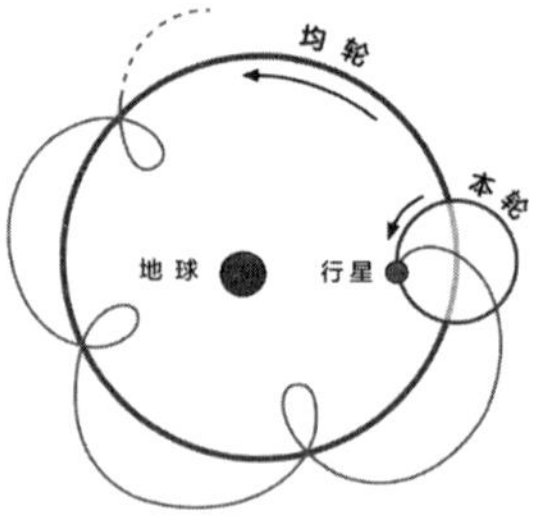

△ 图 6.8

本轮—均轮模型

本轮—均轮模型在希腊化天文学家托勒密手里发展成了一个博大精深的天文学体系，成为古代世界最伟大的天文学体系。它传播到阿拉伯世界之后，被那里的天文学家赞为“伟大之至”。托勒密的著作《天文学大成》因而也被称为《至大论》。希腊化科学不是我们这本书的主题，托勒密的故事我们以后再说。

[The End]

结语

科学不等于技术。所有的人类族群都发展了属于自己的技术，但科学只出现在古代希腊城邦时期。科学也不等于知识。所有古老的文明都有自己的知识体系和知识分子阶层，但科学只出现在古代希腊城邦时期。如果不是希腊科学向外传播的话，也看不出其他地区有自发产生科学的迹象。

什么是科学？就它与技术的相区别而言，它是探求原因的普遍知识。就它与一般知识相区别而言，它是探求事物“自身”的知识，而不是关于国计民生的“实用”知识。承认事物有“自己”，是科学诞生的前提，而承认事物有其“自身”就是“自然的发现”。“发现”或“发明”自然，是希腊人对人类的独特贡献，也是科学的先决条件。追究事物“自身”的科学，即“自由”的科学。

为什么只有希腊城邦时代才出现科学，亚里士多德已经有明确的答案：一是因为希腊自由民“有闲”，只有摆脱了生存困扰的希腊城邦自由民才有可能去发展关于事物“自身”的纯粹知识，而不顾及它的实用性；二是因为希腊民族有天生的、未曾泯灭的好奇心，能够专注于事物自身，并且以发现事物自身的逻辑为乐事。简单说来，因为希腊人是自由的民族，只有自由的民族才有可能发展“自由的”科学。爱因斯坦提出自由学术的三个条件：一是摆脱生存的压力，获得生存自由；二是可以随意发表意见，有言论自由；三是对世界事物有追根究底的好奇心，有心灵自由。这三大自由和亚里士多德的两大自由一脉相承，揭示了为何只有希腊城邦文明才孕育出科学的奥秘：只有自由的人民才会追求自由的科学。

自由的科学有两个特征，一是高调强调自己的无用特征，二是以“内在”推演为知识的构成方式。希腊的科学都是演绎科学。如果是符号演绎，就是数学。如果是概念演绎，就是哲学。希腊城邦时期的科学主要体现在数学和哲学两个方面。希腊数学分成算术、几何、音乐和天文四个分支，其中的几何和天文最为发达。希腊哲学中，自然哲学（物理学）也占据着最重要的地位。

本书讲述了米利都学派、毕达哥拉斯学派、柏拉图和亚里士多德四个最重要的科学贡献者（群体），也特别讲述了希腊数理天文学和亚里士多德自然哲学这两个最突出的科学范例。希腊城邦文明随着亚历山大的去世（公元前 323 年）而终结，但是，希腊古典科学却并没有终结，而是在希腊化时期开花结果、发扬光大。自然哲学、几何学、天文学、光学、力学、地理学、博物学、医学，在希腊化时期均有不同凡响的成就。敬请读者们期待。

科学的故事

作者 _ 吴国盛

产品经理 _ 曹曼　装帧设计 _ 张一一
责任印制 _ 刘淼　策划人 _ 路金波

鸣谢（排名不分先后）

吴高林

果麦
www.guomai.cn

以 微 小 的 力 量 推 动 文 明

图书在版编目（CIP）数据

科学的故事 / 吴国盛著 . -- 南京 : 江苏凤凰文艺出版社 , 2020.6（2023.12 重印）
ISBN 978-7-5594-4844-6

Ⅰ . ①科… Ⅱ . ①吴… Ⅲ . ①科学史 – 世界 – 青少年读物 Ⅳ . ① G3-49

中国版本图书馆 CIP 数据核字（2020）第 077702 号

科学的故事

吴国盛 著

出 版 人	张在健
责任编辑	王 青
特约编辑	曹 曼
责任印制	刘 淼
出版发行	江苏凤凰文艺出版社
	南京市中央路 165 号，邮编：210009
网 址	http://www.jswenyi.com
印 刷	天津丰富彩艺印刷有限公司
开 本	710 毫米 ×960 毫米 1/16
印 张	12
字 数	140 千字
版 次	2020 年 6 月第 1 版
印 次	2023 年 12 月第 5 次印刷
印 数	30,001—35,000
书 号	ISBN 978-7-5594-4844-6
定 价	58.00 元
